Geologie im Gelände

Martin Kern

Geologie im Gelände

Ferdinand Enke Verlag Stuttgart 1988

Dipl.-Wirtsch.-Geol. Martin Kern
Reichert-Jung
Cambridge Instruments GmbH
Vertretungsbüro Berlin
Hasenmarkt 21, 1000 Berlin 20

CIP-Kurztitelaufnahme der Deutschen Bibliothek

Kern, Martin:
Geologie im Gelände / Martin Kern.- Stuttgart: Enke, 1988
ISBN 3-432-97471-X

Printed in Germany
Druck: Copy-Center 2000, D-8520 Erlangen

Vorwort

Das Buch **Geologie im Gelände** richtet sich vor allem an Geowissenschaftler, die im Gelände tätig sind sowie an Studenten und Diplomanden im Rahmen ihrer Exkursionen und Diplomarbeiten.

Ziel dieses Buches ist es, die Arbeit im Gelände zu vereinfachen und zu erleichtern. Dabei wurde die Form von Geländeschlüsseln gewählt, gekoppelt mit zahlreichen Abbildungen und Beispielen. Dadurch wird es möglich, einen Aufschluß systematisch, vollständig und schnell zu bearbeiten. Außerdem werden eine Reihe von allgemeinen Hinweisen, Regeln und Tips genannt.

Zu Vereinfachung der Arbeit ist die gewählte Systematik einzuhalten. Zudem sollte die Form der im Anhang befindlichen Geländevordrucke verwendet werden. Dies erleichtert eine spätere Auswertung der gewonnen Daten.

Berlin, im Frühjahr 1988 **Martin Kern**

Inhaltsverzeichnis

Anhang

1. Schlüssel – Allgemeine Hinweise und Regeln zur Geländebuchführung

1. Die geol. Geländeaufnahme sollte in der angegebenen Reihenfolge durchgeführt werden. Diese gehorcht der Regel von **Fern** (Übersicht) zu **Nah** (Einsicht).

2. Ziel ist es zunächst, die geol. Gegebenheiten zu **beobachten** und zu **beschreiben** und erst in zweiter Linie zu klassifizieren und zu deuten. So behandeln die nachfolgenden Schlüssel vor allem **Merkmale der Unterscheidung**, die es zu beschreiben gilt.

3. Die Beschreibung eines Aufschlusses gibt nur einen sehr kleinen Ausschnitt aus dem Gesamtbild wieder. Dies muß bei der geologischen Aufnahme beachtet werden (vor allem Tektonik). Das mosaikartige Zusammensetzen der geologischen Daten aller Aufschlüsse eines zu untersuchenden Gebietes ergibt das Gesamtbild.

4. **Alle** gewonnen Daten werden erfaßt. Eine Gewichtung in wichtig und unwichtig ist unzulässig.

5. Alle Daten sind **sofort** zu vermerken, da damit zu rechnen ist, keine weitere Möglichkeit zur Untersuchung zu haben.

6. Es sind Bleistifte (ggf. Buntstifte) zu verwenden. So sind Korrekturen möglich. Außerdem sind sie wetterbeständig.

7. Zeichnungen sollten **immer** gemacht werden. Sie erleichtern die Arbeit erheblich.

   - möglichst groß und übersichtlich
   - genauen Aufnahmepunkt vermerken incl. Nordpfeil
   - einheitliche Legende verwenden (**s.Schlüssel 10**)
   - Hinweise auf Fotos, Text und Proben eintragen
   - Maßstab angeben

   (Diese Regeln gelten ebenso für **Fotos**).

8. Kennzeichnung/Nomenklatur: Die Aufschlüsse, Proben u.ä. sind zu beschriften, um Verwechselungen zu vermeiden. Eine geeignete Systematik ist dabei zu verwenden.

   - Da die gewonnen Daten heute mit DV-Systemen aufbereitet werden, ist es sinnvoll, sich damit vor der Geländeaufnahme zu beschäftigen. Eventuelle Änderungen der Kennzeichnung, Verwechslungen bzw. zusätzlicher Arbeitsaufwand können dadurch vermieden werden.

   - Stichworte: Klein-/Großschreibung, Stellenzahl, Alphanumerik etc.
     So sollte auf der Grundlage der Aufgabenstellung und des vorhanden DV-Systems eine Systematik entworfen werden.

   - **Beispiel:**

1	2	3	4	5	6	7

1-3 Kennzeichen (Identifikation des Gebietes)
4 Seriennummer (z. B. Profil)
5-7 Laufende Nr. (am besten in 10er-Schritten, um z.B. Sonder-/Zwischenproben Platz zu lassen.)

KAu1010 = Karnische Alpen, 1. Profil, 1. Probe
KAS1021 = Karnische Alpen, Sonderprobe, 1. Profil, 2. Probe, 1. Sonderprobe

   - Die Aufschlüsse sind ebenfalls systematisch zu kennzeichnen, z.B. in Kombination mit dem Datum

     Beispiel: 16.6.84/11

   - Eine Kombination von Aufschluß- und Probensystematik ist ebenfalls eine gute Möglichkeit.

2. Schlüssel - Vorbereitung zur Geländearbeit

Die Vorbereitung stellt einen zentralen Punkt dar. Je besser Geländearbeiten vorbereitet sind, desto **schneller** und **effektiver** können sie durchgeführt werden.

1. Informationen über das betreffende Gebiet:

   - Klima (d.h. zu welchen Jahreszeiten begehbar u.ä.)
   - Infrastruktur (z.B. Unterkunft, Verkehrsmittel und Wege)

2. Beschaffung von Literatur und Kartenmaterial:

- Topographische/geol. Karten mögl. 1:10000 bis 1:25000; Wanderkarten (leider meist 1:50000)
  - erlauben Auskünfte über: Topographie, Wege und Zugangsmöglichkeiten, Aufschlußverhältnisse etc.
  - geol. Karten erlauben Rückschlüsse und erstes Studium der zu erwartenden Gesteine (Fossilien, Minerale) und Tektonik.
- Literatur ergibt zusammen mit dem Kartenmaterial einen ersten Einblick in das Gebiet. Ein genaues Studium ist unerläßlich. Nicht zuletzt bestimmt dieses Studium auch die Zusammenstellung der geol. Feldausrüstung.

3. Probenahme:

- Sie hängt von der Aufgabenstellung ab. Art der Probenahme sowie deren Umfang (Gewicht) muß vorab geklärt werden. Fragestellungen wie, welche Arbeiten sollen mit der Probe durchgeführt werden, wie ist sie zu verpacken und zu transportieren sind hier angesprochen.
- Kennzeichnung / Beschriftung **(s. Schlüssel 1)**
- Es soll an dieser Stelle erwähnt werden, daß die Probenahme bei der Geländearbeit als letztes durchgeführt werden sollte, denn nur eine vollständige Aufschlußaufnahme ermöglicht eine sinnvolle Probenahme.

4. Geländeausrüstung:

- Ziel ist es ein **Optimum** und nicht ein **Maximum** zu erreichen. Gewichts- und Platzprobleme seien hier angesprochen.
- Folgende Liste ist als Grundausrüstung aufzufassen, die unabhängig von der Aufgabenstellung, **generell** mitzuführen ist. Mit Hilfe dieser Ausrüstung können alle in diesem Buch geschilderten Aufgaben durchgeführt werden:

  A Gefügekompaß: Vor allem zu räumlichen Aufnahme (ss/sf/ST), möglichst mit Peilvorrichtung zur Lokalitätsbestimmung.

  B Höhenmeser: Ein Muß in den Bergen, wo Lokalitätsbestimmungen vereinfacht werden können.

C Karten-material:	Ist immer mitzuführen. Bewährt haben sich SW-Kopien, die man beschriften kann (**Vorsicht**: Maßstab und Verzerrungen). Die Originalkarte kann so geschont werden.
D Geländebuch:	Für spez. Aufgabenstellungen sind entsprechende Formblatt-Kopien in ausreichender Anzahl mitzuführen (**s.Anhang**).
E Zeichen-material:	Bleistifte, Radiergummi, Anspitzer, Geodreieck, wasserfeste Filzstifte (für Probenbeschriftung).
F Zollstock	
G Fotoaus-rüstung:	Ist immer hilfreich, aber kein Muß.
H Geologen-hammer:	Keinen Werkzeughammer verwenden (**Unfallgefahr**); gehärteter Stahl, Gußform. - Schwerer (>700 g), langer (>30 cm) Hammer, vor allem für harte massige Gesteine (allg. Magmatite, Metamorphite) - leichte und kurze Hämmer vor allem für Sedimente. - Ob mit Spitze oder Schneide (vor allem für schichtige Gesteine) ist Erfahrungssache. Hammer mit Spitze plus entsprechende Meißel löst dieses Problem.
I Probenbe-hälter:	und Hilfsmittel zum Verschließen (Kreppband) und beschriften.
J Handschuhe Schutzbrille (ggf. Helm):	**Sicherheit geht vor !**
K Rucksack:	Ist das bewährteste Tragegerät, da beide Hände frei bleiben. Zu beachten ist, daß nach verstauen der Ausrüstung und Verpflegung genügend Platz für die Proben verbleibt. Leider sind die Gurthalterungen für derartige Gewichte in der Regel nicht ausreichend und reißen deshalb häufig. Bewährt hat sich, die Nähte zusätzlich durch Nähstreifen zu verstärken.

L Mineralbestimmungsset:
- Magnet
- Porzellantafel
- 4%-HCL
- Lupe (> 8x)
- Härtebestimmungsset: käuflich oder selbst zusammenstellen (**s. Schlüssel 7**)

M Kleidung: vor allem richtige Schuhe, feste Hosen mit vielen Taschen, Gürtel mit Halterungen für Hammer, Kompaß und Höhenmesser.

3. Schlüssel – Lokalitätsbeschreibung

Ziel: Genaue Ortsbestimmung um späteres Widerauffinden zu ermöglichen.

Lokalisierung:
- Ortsbestimmung durch:
  - Kartenmaterial
  - Kompaßpeilung und/oder Höhenmessung
  - markante Geländepunkte (Bäume, Häuser etc.)

  Hinweis: Neben dem genauen Festhalten der gewonnenen Daten im Geländebuch, hat es sich bewährt den genauen Ort auf der Karte mit einer Nadel durchzustechen und auf der Rückseite zusätzlich zu beschriften.

- Wegbeschreibung durch:
  - Kartenmaterial (Wege, Pfade)
  - Markante Geländepunkte (Bäume, Häuser etc.)

Benennung:
- Die Lokalität sollte benannt/**numeriert** werden, um Verwechslungen auszuschließen. Dies kann durch Kombination mit dem Datum (16.6.1985/7) oder der Probensystematik (**s. Schlüssel 1**) bewerkstelligt werden. Zusätzlich sollte ein **Thema**, unter das die Untersuchungen zu stellen sind, angegeben werden.

4. Schlüssel – Aufschlussbeschreibung

Ziel: Vollständige Erfassung des aufgeschlossenen Bereiches. Dies ermöglicht eine Übersicht. Da es sich um eine Momentaufnahme handelt, können bei späteren Untersuchungen Veränderungen (neu aufgeschlossene Bereiche?) festgestellt werden. Gut untersuchte Detailbereiche sind genau lokalisierbar.

Art des Aufschlusses:
- Natürlich (Hang, Abbruch, Versturz, Bacheinschnitt etc.)
- Künstlich (Steinbruch, Straßeneinschnitt etc.)

Abmessungen/Geometrie:
- aufgeschlossene Breite und Tiefe

  Hinweis: Es hat sich bewährt hierfür eine Übersichtszeichnung anzufertigen, die als eine Art "Stadtplan" immer wieder Verwendung findet (ggf. durch Fotos unterstützt).

Sonstige Merkmale:
- Aktivitäten im Aufschluß (allg.: wird der Aufschluß erweitert (Abbau) oder zugeschüttet (Deponie)?)

- Vegetation, Wasserführung

5. Schlüssel – Gesteinsbeschreibung

5a KLASTISCHE SEDIMENTE

A Beschreibung der Gesteinsfarbe

- frischer Bruch
- Angewittert (auch Anlauffarben)

B Bruchverhalten des Gesteins beim Anschlagen

- splittrig
- muschelig
- glatt, eben

C Betrachtung der Komponenten (Aggregate) - **Lupe**

- Korngrößenverteilung (Sortierung)
  - schlecht sortiert

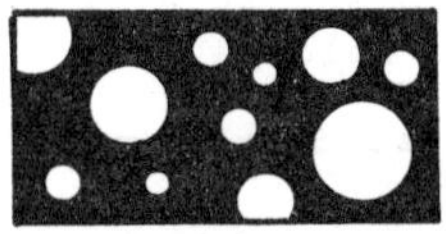

  - gut sortiert

- Ha- Hauptkorngröße
  - %-Anteile (**s. Schlüssel 9**)
  - Absolute Größe in mm

- Klassifikation der Gesteine nach Hauptkorngröße

0.002		0.02*	0.063	0.2	2.0	20	63	200 mm

Pelite		Psammite		Psephite			
Ton	Schluff		Sand		Kies		Steine
	Fein	Grob	Fein	Grob	Fein	Grob	
vorwiegend Tonminerale		vorw. Quarz, Glimmer, Feldsp.		vorwiegend Gesteinstrümmer			

nach DIN 4022

*Komponenten makroskopisch nicht mehr erkennbar

D Form der Komponenten

- nicht gerundet (angular)
- gerundet (subrounded)
- gut gerundet (well rounded)

E Orientierung der Komponenten

- orientiert (ggf. einmessen, orientierte Probe)
- richtungslos

F Bestimmung der Komponenten (Minerale/Gesteinsbruchstücke)
- **s. Schlüssel 7**

G Klassifikation nach Komponentenanteilen

- Abschätzung des Matrixanteils
- Abschätzung des Anteils an Gesteinsbruchstücken gegenüber Quarz/Feldspäten

- %-Anteil (s. **Schlüssel 9**)

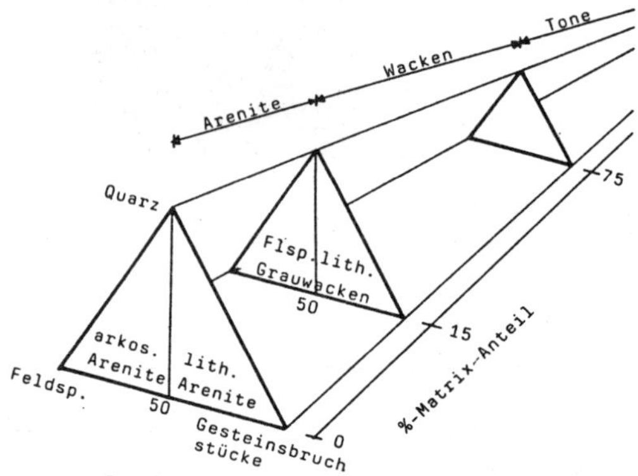

aus Pettijohn et al (1972) nach Dott (1964)

H Beschreibung der Schichtung:

- Schichtmächtigkeiten (cm) - ggf. Profil
- Klassifikation der Bankung (nach GEYER, 1973)
  - feinschichtig (< 1 cm)
  - plattig (1 - 4 cm)
  - dünnbankig (5 - 29 cm)
  - dickbankig (30 -100 cm)
  - massig (> 100 cm)

- Lagerungsverhältnisse
  - gleichbleibend
  - auskeilend
  - stark schwankend (messen)

- Beschreibung der Schichtungstypen

(**Achtung**: Auf Schnittfläche achten)

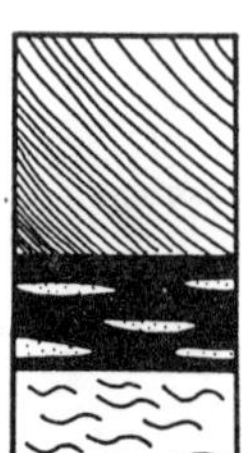

-mega (> 2 m)
-Schrägschichtung
-klein (< 2cm)
-Linsenschichtung
-Flaserschichtung

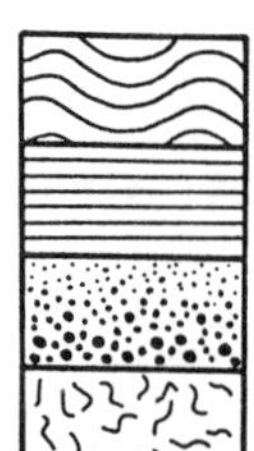

-wellige Schichtung
-ebene Schichtung
-gradierte Schichtung
-entschichtetes Gefüge

I Beschreibung der Sedimenttexturen

- Schichtoberflächen:
  - Rippeln
    - Strömungsrippeln (asymmetrisch)

    - Wellenrippeln (symmetrisch)

      - Größe, Form, Richtung
      - gekreuzt, gekappt

  - Marken/Eindrücke (Einordnung oft schwierig)
    - Marken: Regentropfen-, Runzel-
    - eingeregelte und/oder gehäufte Glimmerplättchen
    - Risse (Rissfüllungen auf Schichtunterseite): Trocken-, Injektions-, Synärese-Risse

- Schichtunterflächen:
  - Strömungsmarken
    - Erosionsmarken (scour marks): durch Erosion im nicht verfestigten Sediment verursacht
    - Gegenstandsmarken (tool marks): durch rollende oder driftende Gegenstände im nicht verfestigten Sediment verursacht

- Synsedimentäre Deformationsgefüge:
  - Belastungsmarken (load structures) - Schichtunterflächen
  - ball and pillow structures
  - slump structures
  - convolute bedding

J Biologische Parameter (s.Schlüssel 8)

K nicht beachtete Sonderfälle:

- Konglomerate/Breccien: Die Bestimmung der Gesteinskomponenten kann über die jeweilige Klassifikation erfolgen

- Organogene Sedimente (Kohlen, Kieselschiefer)

L Profile (s. Anhang)

5b Chemische Sedimente

Anmerkung: Im folgenden werden ausschließlich **Kalkgesteine** besprochen.

A Beschreibung der Gesteinsfarbe

- frischer Bruch
- angewittert

Anmerkung: Verwitterungsfarben sind bei Kalken oft ein gutes makroskopisches Unterscheidungsmerkmal.

B Bruchverhalten des Gesteins beim Anschlagen

- Kalkgesteine brechen meist uneben bis splittrig

C Betrachtung der Komponenten

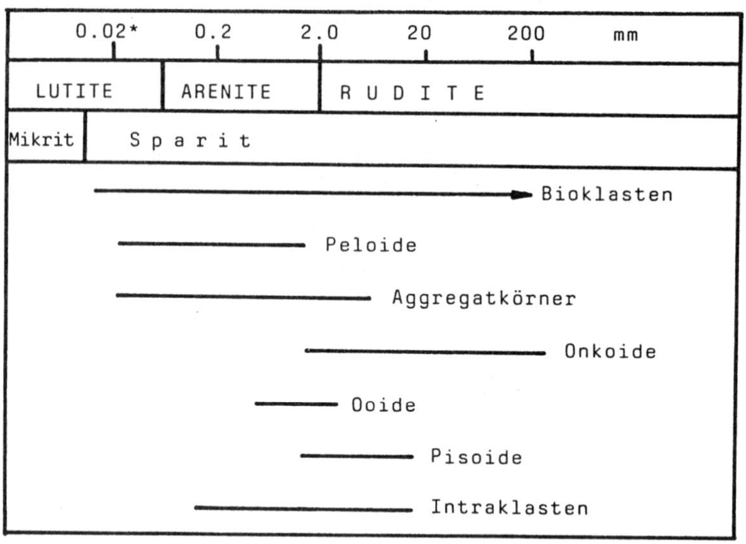

*makroskopisch (Lupe) nicht mehr unterscheidbar

- Bestimmung der Komponenten
  - Mineralbestimmung **(s.Schlüssel 7)**
  - Grundbestandteile
    - Matrix (Mikrit)
    - Zement (Sparit)
    - Komponenten

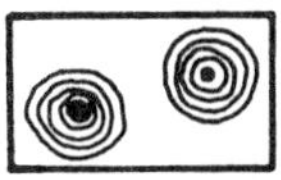
Ooide

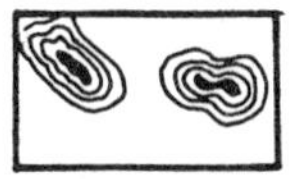
Onkoide

Bioklasten*

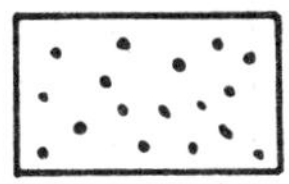
Peloide

*Bruchstücke von Biomorpha (s.Schlüssel 8)

- Intraklasten: synsedimentäres Resediment
- Aggregatkörner: verkittete Komponenten
- Pisoide: Ooide im limnischen Bildungsbereich
  - absolute Größe in mm
  - Abschätzung des %-Anteils **(s.Schlüssel 9)**

- Komponenten-Rundungen, Orientierung, Sortierung, **wie klastische Sedimente**

D Gesteinklassifikationen

- einfache Klassifikationen nach Hauptkomponentenanteil und Bindungsform

Komponenten \ Grundmasse		Sparit	Mikrit
>25%	Bioklasten	Biosparit	Biomikrit
	Peloide	Pelsparit	Pelmikrit
	Ooide	Oosparit	Oomikrit
	Intraklasten	Intrasparit	Intramikrit
	Onkoide	Onkosparit	Onkomikrit
<25%	Bioklasten	biogenführender Sparit	
Mikrit/Sparit-Anteil		ausgewaschener Bio-............	

- Klassifikation nach Texturtypen

Allochthone Kalke: Primäre Komponenten während der Sedimentation nicht organogen gebunden						Autochthone Kalke: Primäre Komponenten während der Sedimentat. organogen gebunden		
Weniger als 10 % Komponenten, die > als 2mm sind				Mehr als 10 % Kompon. >2mm		Komponentenbindung durch Organismen		
Bindung mit MIKRIT			....mit SPARIT					
mud-supported		grain-supported		mud-supported (schlamm-gestützt)	grain-supported (kompont.-gestützt)	Sediment-fänger (z.B. Korallen)	Sediment-binder (z.B. Algen)	Gerüst-bildner (Rifforganismen)
<10% Komp. die <2mm	>10% Komp. die <2mm					B O U N D S T O N E		
MUDSTONE	WACKESTONE	PACKSTONE	GRAINSTONE	FLOATSTONE	RUDSTONE	BAFFLESTONE	BINDSTONE	FRAMESTONE

aus Flügel,E.(1978),nach Dunham (1962)

E Beschreibung der Schichtung

- **wie klastische Sedimente**, Schräg- und Linsenschichtung tritt selten auf. Meist eben bis wellig

F Beschreibung der Sedimenttexturen

- **wie klastische Sedimente**, generell jedoch nicht so ausgeprägt und häufig wie bei den klastischen Sedimenten. Synsedimentäre Deformationsgefüge häufig, vor allem im Wechsel mit klastischen Sedimenten.

- Diagenetische Merkmale
  - Suturen
  - Stylolithen
  - Konkretionen
  - Lösungs-Hohlräume

G Biologische Parameter **(s.Schlüssel 8)**

H Mischgesteine zwischen chemischen und klastischen Sedimenten

- Kalkgestein:	> 95 %	Karbonatanteil
- mergeliger Kalk:	bis 15 %	Tonanteil
- Mergelkalk:	bis 25 %	Tonanteil
- Kalkmergel:	bis 35 %	Tonanteil
- Mergel:	bis 65 %	Tonanteil
- Mergelton:	bis 15 %	Kalkanteil

  - durch HCl-Probe sowie Farbe und Lupe kann eine grobe Einordnung erfolgen

I nicht beachtete wichtige Sonderfälle:

- Dolomit: Kaum von Kalken zu unterscheiden. Schäumt bei der HCl-Probe nicht so intensiv wie reines $CaCO_3$ **(s.Schlüssel 7)**

- Salze, Gips, Anhydrit: **s.Schlüssel 7**
- Phosphorite

J Profile **(s.Anhang)**

5c Metamorphe Gesteine

A Beschreibung der Gesteinsfarbe

- frischer Bruch
- angewittert

Anmerkung: Die Farbe kann oft einen Hinweis auf das Hauptmineral und damit auch auf die Nomenklatur geben; z.B. Grünschiefer - Chloritschiefer

B Bruchverhalten beim Anschlagen des Gesteins

- gibt zumeist einen Hinweis auf die Textureigenschaften und die Nomenklatur
  - felsig (körnig, dichte, regellose Anordnung der Komponenten)
  - schiefrig (orientierte Komponenten, Paralleltextur)

C Betrachtung der Mineralkomponenten

- Mineralbestimmungen (**s. Schlüssel 7**)
- Bestimmung der Prozentanteile (**s. Schlüssel 9**)
- Bestimmung der Korngrößen [mm]
  - Korngrößenverhältnisse
  - Kornform (**s. a. Schlüssel 5d**)
    - xenomorph
    - hypidiomorph
    - idiomorph
  - Kornbindung

D Gesteinsklassifikation

Anmerkungen: Die mineralogische Zusammensetzung und das Gefüge eines metamorphen Gesteins werden zur Klassifikation herangezogen. Grundlage hierfür sind das Ausgangsgestein und die Bildungsbedingungen, denen das Gestein unterworfen war. Daraus resultiert eine große Vielfalt der metamorphen Gesteine. Eine einfache Klassifikation für das Gelände ist daher sehr schwierig.

- Nomenklatur metamorpher Gesteine nach:

  - Mineralbestand **A**

- Textureigenschaften **[B]**

- charakteristischer Mineralbestand in Reihenfolge steigender Anteile

  z.B. Muskowitführender Biotitschiefer

  [A] [B]

- räumliche Anordnung der Komponenten

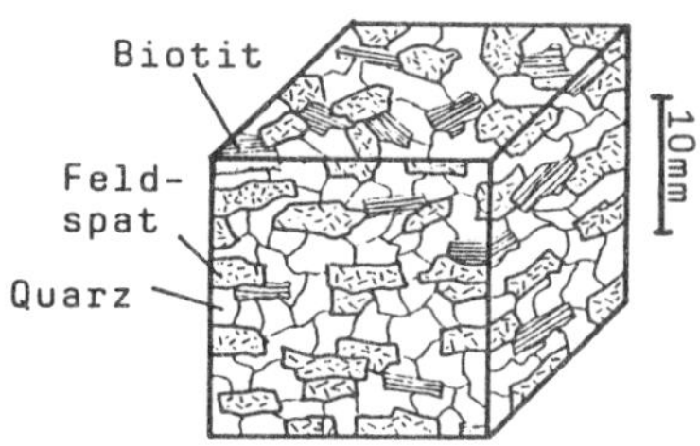

........Gneis:

Grobe Paralleltextur (#) durch Einregelung des hohen Feldspatanteils (>20%).

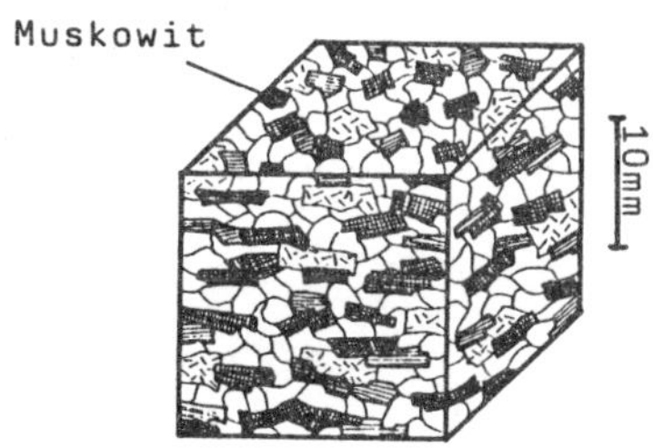

........Schiefer:

Feine Paralleltextur (#) durch Einregelung des hohen Glimmeranteils (>20%)

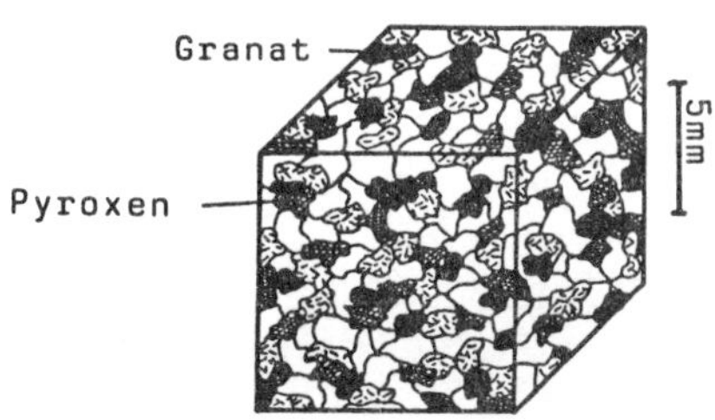

........Fels:

Ohne ausgeprägte Paralleltextur. Meist sehr feinkörnig und homogen

- spez. Bezeichnungen die im deutschen Sprachraum Verwendung finden:

  - Quarzit: besteht fast ausschließlich aus Quarz mit Pflasterstuktur (Kristalle mit geraden Kantengrenzen verbunden)

  - Marmor: Bezeichnung für einen metamorphen Kalkstein. Meist sehr grobkörnig mit Pflasterstruktur.

  - Amphibolit: Massiges Gestein, das vorwiegend aus Plagioklasen und Hornblenden besteht.

  - Granulit: Gneisartiges, feinkörniges Gestein, vorwiegend aus Quarz und Granat bestehend.

E Profile: (**s.Anhang**)

5d Magmatische Gesteine

A Betrachtung der Gesteinsfarbe

- frischer Bruch
- angewittert

  Anmerkung: In der Regel werden die Gesteine mit zunehmendem Mafit-Anteil (Biotit, Hornblenden, Pyroxene) dunkler. So sind basische Magmatite meist sehr dunkel, saure sehr hell.

B Bruchverhalten beim Anschlagen des Gesteins

- splittrig
- muschelig
- glatt, eben

C Betrachtung der Mineralkomponenten

- Mineralbestimmung (**s. Schlüssel 7**)

D Beschreibung der Gesteins -Strukturen/-Texturen

- Unterscheidung in Vulkanite und Plutonite

STRUKTUR	PLUTONITE	VULKANITE
KRISTALLINITÄTSGRAD: Verhältnis von kristallinen zu glasigen (amorphen) Bestandteilen	alle Bestandteile voll auskristallisiert holokristallin	meist kristallin; mit kleinem Glasanteil: hemikristallin; mit hohem Glasanteil: hyalin
KORNGRÖßE: Absolute Größe der Gemengteile	Hauptbestandteile mit bloßem Auge erkennbar (1-10mm) makrokristallin	Gemengteile der Grundmasse nur mit Lupe (Mikroskop), bis garnicht erkennbar (Glas) mikro- bis kryptokristallin
KORNGRÖßENVERHÄLTNIS: Relative Korngrößenverteilung	geringe Korngrößenunterschiede (max. 1:3) körnig	mikro- bis kryptokristalline Grundmasse mit makrokristal. Einsprenglingen ungleichkörnig (porphyrisch)
KORNFORM: Gestalt (Hinweise auf Ausscheidungsfolge)	Eigengestalt (Idiomorphie) nicht erkennbar bis nicht voll ausgebildet xenomorph bis hypidiomorph	idiomorphe Einsprenglinge in xenomorpher bis glasiger Grundmasse
KORNBINDUNG: Kornverband, d.h. Verzahnung der Korngrenzen	mosaikartig	sperrig
TEXTUR		
RÄUMLICHE ANORDNUNG der Gemengteile	meist keine Orientierung (Einregelung) richtungslos	meist lagenartige Einregelung der Einsprenglinge fluidal
RAUMERFÜLLUNG	meist massig bis kompakt	oft etwas porös

① GRANIT: holokristallin; makrokristallin; körnig; hypidiomorph; mosaikartig; richtungslos; kompakt

② RHYOLITH: hemikristallin; mikrokristallin; ungleichkörnig; idiomorphe Einsprenglinge

③ TRACHYT: wie Rhyolith, jedoch eindeutig mit fluidaler Textur.

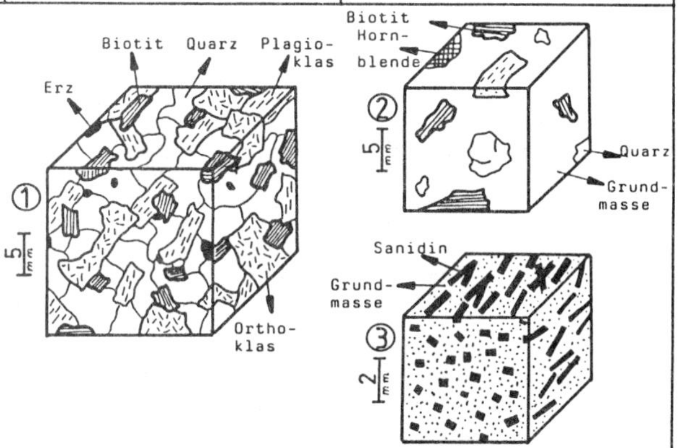

E Gesteinsklassifikation

- Abschätzung des Prozentanteils (**s. Schlüssel 9**)

  - Quarz
  - Orthoklase, Plagioklase

  → felsischer Anteil

  - Biotit
  - Hornblenden
  - Pyroxene

  → mafischer Anteil

Anmerkungen:

  - Prinzipiell haben Vulkanite die gleiche Zusammensetzung wie die entsprechenden Plutonite. Die makroskopisch erkennbaren Einsprenglinge geben aber nicht die exakte Zusammensetzung des Gesteins wieder. Eine genaue Klassifikation im Gelände ist deshalb nicht möglich. Sie wird mit Hilfe des Mikroskops (z.B. An-Gehalt der Plagioklase) und chemischer Analysen durchgeführt.

  - Die makroskopische Unterscheidung von Orthoklas und Plagioklas bzw. deren Prozentverhälnisse und Anteile ist oft sehr schwierig, vor allem in sehr feinkörnigen Aggregaten und bei fehlenden Farbunterschieden.

  - Aus dem gesagten resultiert die Notwendigkeit es bei einer groben Zuordnung zu belassen. Wichtig ist, wie bei den anderen Gesteinen auch, die unterscheidenden Gesteinsmerkmale zu bestimmen.

- Klassifikationen (**s. folgende Seiten**)

F Sonst. Unterschiede/Merkmale der Vulkanite/Plutonite

- Vulkanische geometrische Formen: Im Aufschluß selten erkennbar, da meist flächenhafte Ausbildung.

- vulkanische Förderprodukte:
  - Pillow- (Kissen-) Lava
  - Block,- Schollenlava
  - Stricklava

  - Tektonik: Tektonik des Nebengesteins (Aufwölbungen, Staffelbrüche) nach **Schlüssel 6**

- Inhomogenität, Änderung der Zusammensetzung vom Kern- zu den Randgebieten, verbunden mit Struktur-/Texturveränderungen

- Xenolithe: Fremdgesteinsbruchstücke im magmatischen Gestein

G Nicht beachtete Sonderfälle: Subvulkanite, Ganggefolgschaft (Pegmatite, Aplite, Lamporphyre), Pyroklastite (effusive vulkanische Förderprodukte), typ. Mineralisationen (Vererzungen)

H Profile s. Anhang

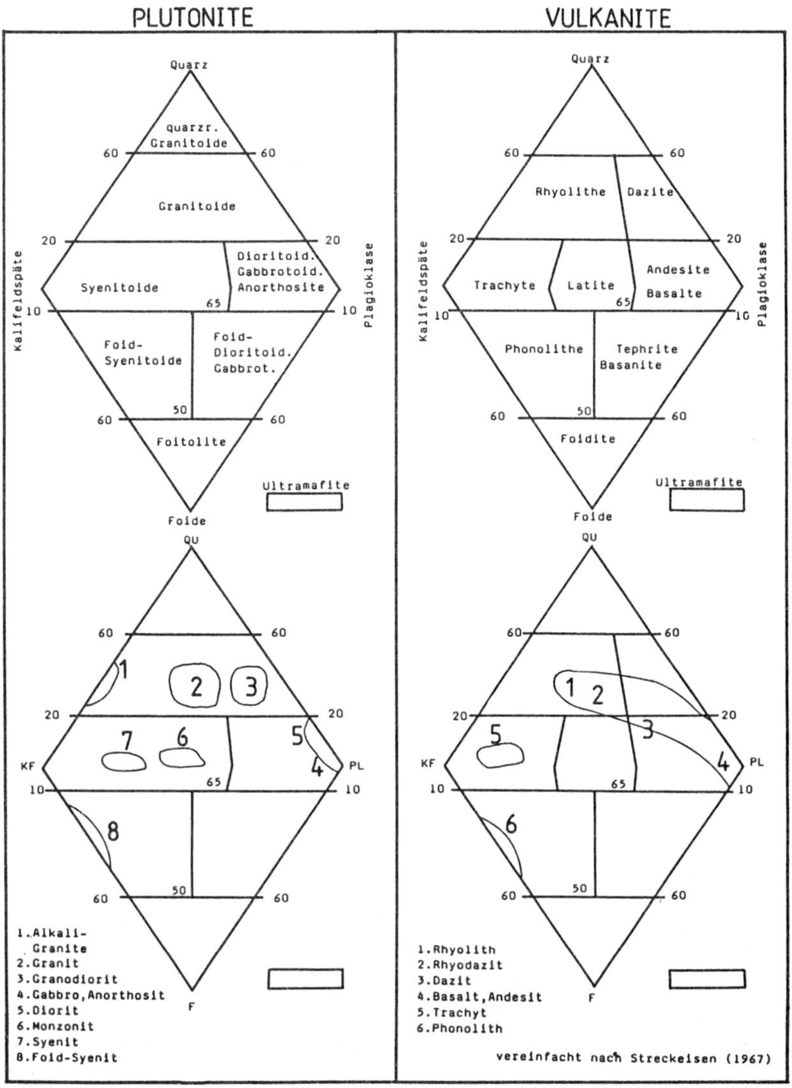

vereinfacht nach Streckeisen (1967)

QUARZ-ANTEIL	FELDSPÄTE +FOIDE	ORTHOKL. PLAGIOK. VERH.	MAFIT-ANTEIL	PLUTONITE Familie	PLUTONITE +Minerale	PLUTONITE unterscheidbare Untergruppen		VULKANITE* Familie	VULKANITE* +Minerale
>90 Vol%			<5%	Quarzolit	Muskowit, wenig Feldspäte	Silexit	fast nur Quarz		
60 - 90				Granitoid quarzreich	Biotit	Greisen	Li-Glimmer, Topas Zinnstein		
20 - 60	Quarz + Feldspäte >90 Vol% (felsischer Anteil)	O : P >9 : 1	<10%	Alkali-Granit	Biotit, Hornblenden			Quarz-Keratophyr	Biotit, Horrblenden
		9:1 - 1:2		GRANIT	Biotit			RHYOLITH	Biotit
		1:2 - 1:9		Granodiorit	Biotit, Hornblenden	Opdalit	Pyroxene	Rhyo-Dazit	Biotit, Hornblenden
		>1:9		Tonalit	Biotit, Hornblenden			Dazit	Biotit
<20	felsischer Anteil vorw. Feldspäte (>80%)	>9 : 1	10 - 90%	Alkali-Syenit	Pyroxene, Hornblenden			Keratophyr	Pyroxene
		9:1 - 2:1		Syenit	Hornblenden			Trachyt	Pyroxene
		2:1 - 1:2		Monzonit	Pyroxene			Latit	Pyroxene
		1:2 - 1:9		Monzo-Diorit	Pyroxene				
		>1 : 9		Diorit	Hornblenden	Quarz-Diorit	Biotit, Hornblenden	Andesit	Pyroxene, Hornblenden (Maf.: bis 40%)
				GABBRO (Norit)	Pyroxene	Olivin-Gabbro	Olivine	BASALT Olivinbas.	Pyroxene (>40%) (Olivine)
			<10%	Anorthosit	Pyroxene, (Olivin)				
kein Quarz	Feldspäte + Foide (<60%)	> 9 : 1	30 - 90%	Nephelin-Syenit	Pyroxene, Nephelin	Foyait	Pyroxene, Hornblenden; (Maf.: >30%)	Phonolith	Pyroxene, Nephelin
		9:1 - 1:9		Neph.-Monzo-Diorit	Pyroxene, Nephelin	Essexit	Pyroxene (bis 50%)		
		> 1 : 9		Neph.-Diorit / Gabbro	Pyroxene, Nephelin	Theralith	Pyroxene (>50%)	Tephrit	Pyx., Neph., Leucit
								Limburgit	Pyx., Oliv., Glas
	vorw. Foide (>60%)	vorw. Nephelin		Ijolith	Pyroxene, Nephelin (Maf.: 30-60%)			Nephelinit	Pyroxene, Nephelin, (Olivin)
		vorw. Leuzit		Italit	Pyroxene, Leucit (Maf.: 0-30%)			Leucitit	Pyroxene, Leucit, (Nephelin)
			>40% Olivin	Pyroxenit	Pyroxene			Pikrit	Pyroxene, Clivine, (Biot., Hbl.)
			40-90% Oliv.	Peridotit	Pyroxene				
			>90% Olivin	Dunit					

6. Schlüssel - Aufnahme der tektonischen Daten

A Allgemeines:

Zur tektonischen Geländeaufnahme ist ein Kompaß unbedingt notwendig.

- Streichen: Winkel zwischen der Nordrichtung und der Horizontalen auf der zu messenden Fläche (0 - 180° senkrecht zur Fallrichtung!)
- Fallrichtung: Winkel zwischen der Nordrichtung und der Richtung in die die zu messende Fläche einfällt (0 - 360°)

- Fallen: Winkel um den die Schicht aus der Horizontalen gekippt wurde.

- Schreibweise: Streichen / Fallen

- Beispiel: 90°/30°N d.h. die Schicht streicht W-E und fällt mit 30° nach N ein

Zur Vereinfachung und Verkürzung des Meßvorgangs hat sich der Gefügekompaß bewährt. Mit ihm können in einer Messung sowohl die Fallrichtung als auch der Fallwinkel ermittelt werden.

B Tektonische Größenordnungen

- Ziele: Aufnahme aller tektonischen Daten im Aufschluß. Zusammensetzen der Summe der Strukturen zu einem Gesamtbild.

  - tekt. makroskopischer Bereich: überschreitet die Möglichkeit der direkten Beobachtung im Gelände. Darstellung in Karten und Profilen mit der Notwendigkeit der Extrapolation als Summe der Informationen aus dem mesoskopischen Bereich.

  - tekt. mesoskopischer Bereich: direkt überschaubare Strukturen im Gelände

  - tekt. mikroskopischer Bereich: bleibt für diese Betrachtungen unbeachtet

C Tekt. Parameter und deren Messung

- Einmessung von Schichtungsflächen **[ss]**
  - Fallrichtung /-winkel (Streichrichtung 90°)

- Einmessung von Störungsflächen **[ST]**
  - Fallrichtung /-winkel (Streichrichtung 90°)
  - horizontaler oder/und vertikaler Versatzbetrag
  - Versatzrichtung

- Einmessung von Schieferungsflächen **[Sf]**
  - Fallrichtung /-winkel (Streichrichtung 90°)

- Einmessung von Klüftungsflächen **[Kf]**
  - Fallrichtung /-winkel (Streichrichtung 90°)

- **Anmerkung:** Klüftungs- und Schieferungsflächen müssen in kompetenten und inkompeteten und in verschiedenen Bereichen einer Falte getrennt voneinander gemessen und ausgewertet werden.

D Statische Auswertung der tekt. Daten

- Lambertsche Auszählkreise und Schmidtsches Netz
  - Hauptstreichrichtung [ss] - [Sf] - [ST]
  - Faltentektonik: b-Achse (Faltenachse)

  - Kluftrose [Kf]

E Faltentektonik

- Beschreibende Elemente (aus ausgewerteten [ss]/[Sf] Daten)

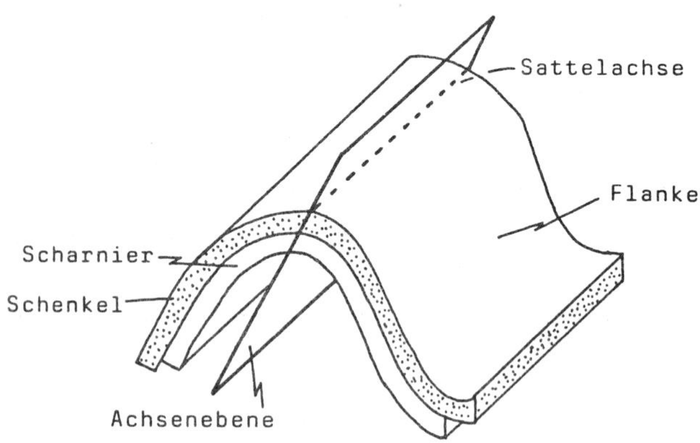

- Faltenarten
  - Symmetrie/Harmonie

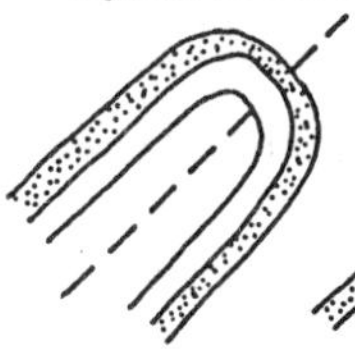
symmetrisch

asymmetrisch

harmonisch

disharmonisch

  - Formen (Nomenklatur nach Neigung und Richtung der Faltenachsenfläche)

Isoklinalfalte

Akkordeonfalte

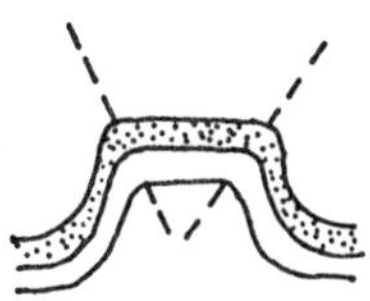
Kofferfalte

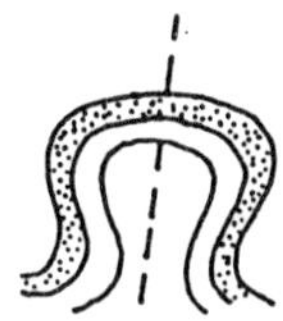
Pilzfalte

überkippte Falte

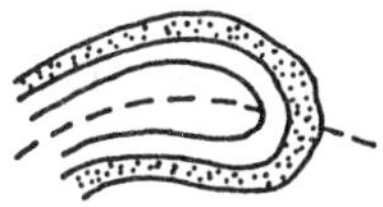
Tauchfalte

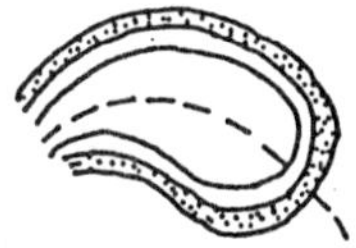
Rollfalte

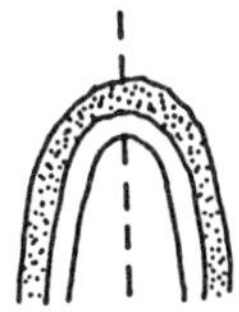
stehende Falte

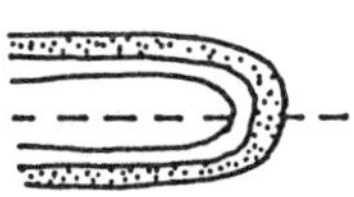
liegende Falte

F Bruchtektonik

Anmerkung: Die Trennung von Bruch- und Faltentektonik ist rein didaktisch. Das Auftreten beider Formen ist häufig.

- Störungen (im Unterschied zu Klüften mit deutlichem Versatzbetrag)

  - Formen (Versatzrichtung, -betrag und -winkel)

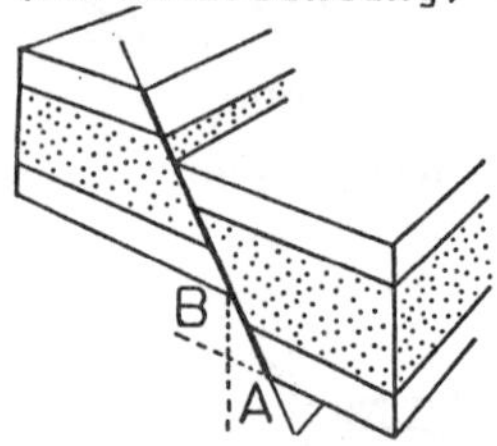

A Abschiebungsweite
B Abschiebungshöhe

- vorwiegend vertikaler Versatz

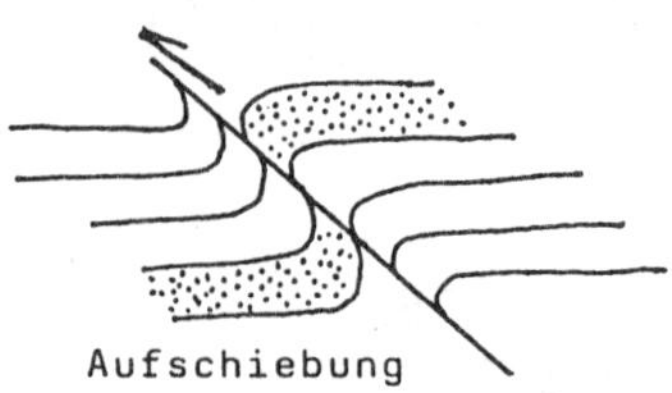

Aufschiebung

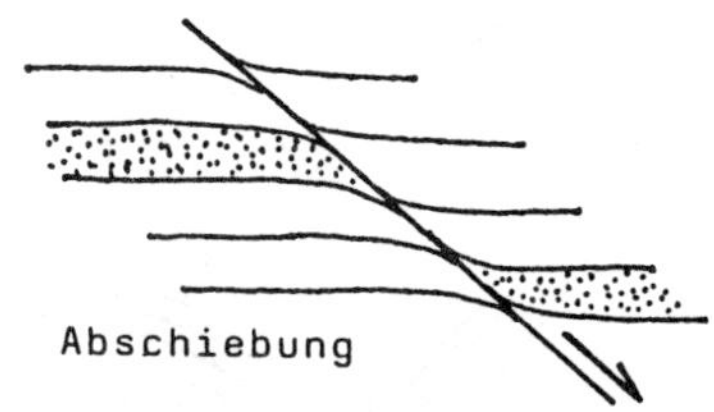

Abschiebung

- vorwiegend horizontaler Versatz

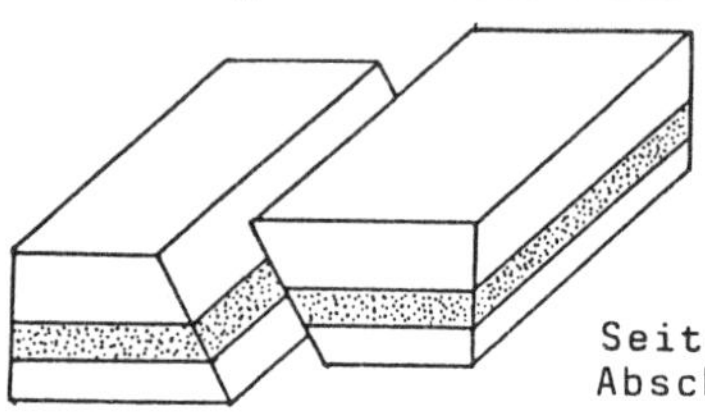

Seitenverschiebung mit Abschiebungsanteil

- makroskopische Strukturen (Beispiele)

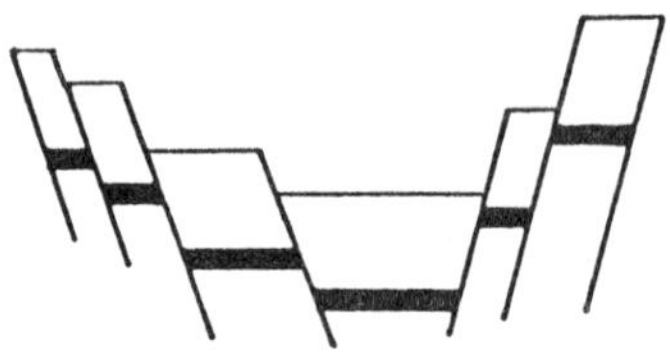

Graben

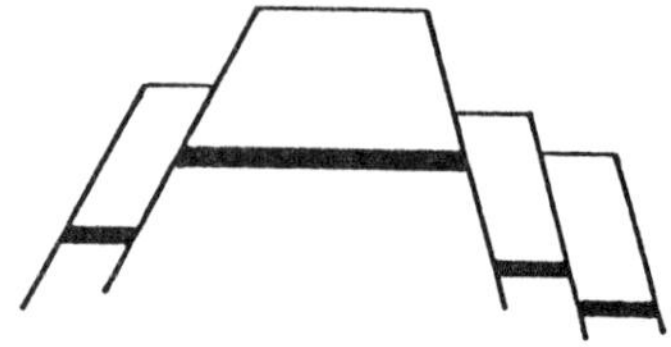

Horst

- Beziehungen zwischen Falten- und Bruchtektonik
  - Kammstörungen (Dehnungsstörungen): im Kamm- /Scharnierbereich
  - Periantiklinale ST: randlich transversale Auf-/Abschiebung (subparallel zur Faltenachse)
  - Longitudinale Aufschiebung an einer Flanke durch Aufreißen des Scharniers.
- Strukturen von Störungsbewegungsflächen
  - Reibungsbreccien (tekt. Breccien): Durch Bewegung entlang der ST-Fläche verursachte mechanische Zerstörung des Gesteins
  - Harnisch: Besteht aus Calcit- oder Quarzkristallen, die in der aufreißenden Fuge parallel zur Bewegungsrichtung gewachsen sind.

G Klüftung (Kein oder nur geringer Versatzbetrag)

- Beziehung Klüftung-/Faltentektonik
  - Querklüfte: senkrecht zur Faltenachse
  - Diagonalklüfte: zweischarig; Schnittkanten senkrecht zur Faltenachse
  - Longitudinalklüfte: parallel zur Faltenachse
- andere Klüftungssysteme
  - Fiederklüfte (Zerrfugen)
  - Dekompressionklüfte (Sprünge) durch Erosion verursachte Druckentlastungen
  - Schrumpfungsklüfte (primäre Strukturen): z.B. Trockenrisse (s.d.)
- Klüfte können geschlossen, offen oder sekundär mineralisiert vorliegen

H Schieferung

Anmerkung: Schieferung findet sich fast ausschließlich in inkompetenten Gesteinen (Tone), während bei gleicher Beanspruchung in kompetenten Gesteinen eine Klüftung auftritt.

- Regeln:
  - Ist Sf und die Faltenachsenebene parallel, so sind beide einem tekt. Akt zuzuordnen.

  - Sf-Streichrichtung gibt die Faltensystemhauptrichtung an
  - Das Einfallen der Sf ist der Faltenvergenz entgegengesetzt
  - Ist das Einfallen der ss größer, als das der Sf, liegt eine überkippte Lagerung vor. Ist das Einfallen jedoch kleiner, handelt es sich um eine normale Lagerung

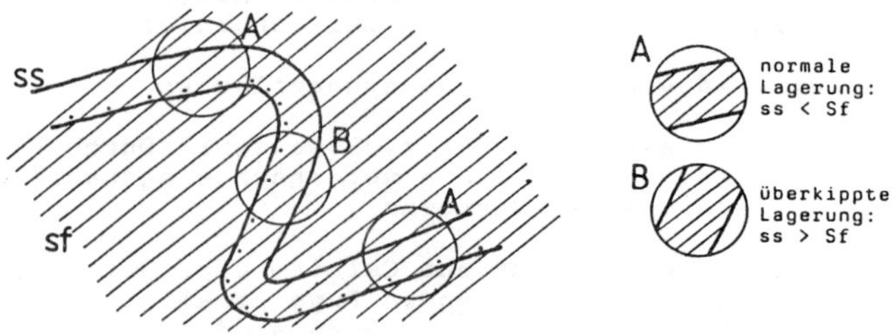

I Ermittlung tektonischer Abfolgen (Generationen)

- Überprägung alter Strukturen (ss, Sf, ST), d.h. zum Beispiel sich kreuzende b-Achsen, mehrere Schieferungsrichtungen

  - zu ermitteln über das Schmidtsche Netz

J Hinweise auf tektonische Einflüsse.

- Indizien auf Lagerungsverhältnisse
  - Geopetales Gefüge (Gradierung, Schrägschichtung)
  - Winkeldiskordanz

K Nicht beachtet: makroskopische Strukturen im globalen Zusammenhang (Plattentektonik, Deckenbau u.a.)

L Beispiele: s. Anhang

7. Schlüssel – Mineralbestimmung

A Mineralhärte (nach Mohs)

- Härteskala:

1. Talk	mit Streichholz ritzbar
2. Gips	mit Fingernagel ritzbar
3. Calcit	mit Kupfermünze ritzbar
4. Fluorit	mit Eisennagel ritzbar (4.–5.)
5. Apatit	
6. Feldspat	mit Taschenmeser ritzbar
7. Quarz	ritzt Glas (7.–10.)
8. Topas	
9. Korund	
10. Diamant	

(s.a. Geländeausrüstung **Schlüssel 2**)

B Mineralfarbe

- Eigenfarbe (Achtung: Farbvarietäten)
- Anlauffarben

C Mineralstrichfarbe auf Porzellantafel

D Mineralglanz

- Metallglanz
- Diamantglanz
- Glasglanz
- Fettglanz
- Perlmuttglanz

E Mineraldichte (spez. Gewicht) : subjektive Einordnung in

- leicht (> 2 g/cm^3)
- normal (2–4 g/cm^3)
- schwer (4–6 g/cm^3)
- sehr schwer (> 6 g/cm^3)

F Mineralspaltbarkeit (**Zeichen #**) – **Lupe**

- vollkommen: immer ebene Spaltflächen
- deutlich: Neben ebenen Spaltflächen treten verstärkt unebene Bruchflächen auf
- schlecht/fehlend: fast ausschließlich unebene Bruchflächen

Hinweis: Die Minerale spalten nach mineralspezifischen Ebenen. Die Kenntnis darüber erleichtert die Bestimmung, ist aber oft schwer am Mineral erkennbar.

G Mineralbruch

- muschelig
- splittrig
- uneben/glatt
- spröde
- spätig
- milde (biegsam)

H Mineralausbildungen - **Lupe**

- idiomorphe Kristalle (**Zeichen XX**) sind in Gesteinen meist nicht entwickelt.

I sonst. Mineraleigenschaften

- Magnetismus (s.a. Geländeausrüstung **Schlüssel 2**) z.B. Magnetit, Magnetkies

- HCL-Probe (**4 %**) Calcit und Aragonit schäumen auf (**Achtung**: Dolomit und andere Karbonate nicht oder nur schwach)

- Zwillingsbildung von XX bei bestimmten Mineralen typisch
- Geschmack: bei Salzen
- Geruch: Arsenkies beim Anschlagen mit Arsengeruch

J Mineralgenese/ -paragenese: Viele Minerale können nur unter speziellen Druck-, Temperatur- und chemischen Bedingungen entstehen. So schließen sich bestimmte Mineralvergesellschaftungen aus, andere bedingen einander. Die Kenntnis dieser Zusammenhänge muß bei den wichtigsten Mineralen vorausgesetzt werden.

Die wichtigsten Minerale und ihre Merkmale (geordnet nach Mineralhärte)

1. Talk ——— 1
2. Gips ——— 2
3. Steinsalz
4. Tonminerale*
5. Chlorit
■ 6. Bleiglanz
7. Muskowit
8. Biotit
9. Calcit ——— 3
10. Serpentin
11. Baryt
12. Anhydrit
■ 13. Zinkblende
■ 14. Kupferkies
15. Fluorit ——— 4
■ 16. Limonit
17. Leucit
18. Nephelin
19. Hornblenden
20. Pyroxene
■ 21. Magnetit
■ 22. Arsenkies
23. Orthoklas ——— 6
24. Plagioklase
25. Disthen
■ 26. Hämatit
■ 27. Pyrit
28. Epidot
29. Olivine
30. Quarz ——— 7
31. Granate
32. Andalusit
33. Sillimanit
34. Staurolith
35. Cordierit
36. Turmaline

■ Strichfarbe

* Tonminerale sind makroskopisch nicht zu unterscheiden

Mineral \ Farbe	farblos	weiß	gelblich	orange	rötlich	rose	violett	bläulich	grünlich	bräunlich	grau	schwarz
1. Talk	○	●							●	●	○	
2. Gips	●	●	○								●	
3. Steinsalz	●	○			●					●		
4. Tonminerale*		○				○		○		●	○	
5. Chlorit								○	●	○		
6. Bleiglanz											●	
7. Muskowit	●	○							○			
8. Biotit									○	●		●
9. Calcit		●	○		○					○	●	
10. Serpentin								○	●		○	○
11. Baryt		●	○		○				○	○	○	
12. Anhydrit	○	●									●	
13. Zinkblende			○		○					●		○
14. Kupferkies			●						●			
15. Fluorit	○					○	●	○	○			
16. Limonit			○	○	○					●		○
17. Leucit	○	○	○								●	
18. Nephelin	●		○							○	●	
19. Hornblenden								○	●	●	○	●
20. Pyroxene									○	●	○	●
21. Magnetit												●
22. Arsenkies		○									●	
23. Orthoklas	○	●	○		●							
24. Plagioklase		●						○	○	○	●	
25. Disthen			○					●	○			
26. Hämatit					○					●		●
27. Pyrit			●									
28. Epidot			○						●		○	○
29. Olivin			○						●	○		○
30. Quarz	●	●	○			○	○	○		○	●	
31. Granate					●	○			●	●		○
32. Andalusit			○		●				○	○	○	
33. Sillimanit			○						○	○	●	
34. Staurolith					○					●		○
35. Cordierit		○	○				○	●		○		
36. Turmaline			○			●			○	○		●

● sehr häufig

○ selten

## / Härte	schlecht	deutlich	vollkommen
⩽2			1;2;3;4
>2-3			5;6;7;8;9; 10
>3-4	14	12	11;13;15
>4-5			16
>5-6	17;18;21;22	19;20	23;25
>6-7	26;27;30	29;31	24;(25);28
>7-8	35;36	32;34	33

Glanz / Härte	Metall	Diamant	Glas	Fett	Perlmutt
⩽2			1;2;3	4	1;4
>2-3	6		5;7;8; 9;10	10	5#;7#; 8#
>3-4	14	13	11;15		12
>4-5	16				
>5-6	21;22		17;18;19; 20;23;25	17;18 B.	25#
>6-7	26;27		24;(25);31 28;29;30	29 B;30 B 31 B	(25#)
>7-8			32;33;34; 35;36		

B.: auf Bruchflächen #: auf Spaltflächen

Dichte / Härte	leicht	normal	schwer	sehr schwer
⩽2	4	1;2;3		
>2-3		5;7;8;9; 10		6
>3-4		12;15;	11;13;14	
>4-5			16	
>5-6		17;18;19;20 23;25	21	22
>6-7		24;(25);28 29;30;31	26;27;(31)	
>7-8		32;33;34; 35;36		

7a Beschreibung der wichtigsten gesteinsbildenden Minerale

1. Talk
Mg-Schichtsilikat

A	Härte:	**1**
B	Farbe:	vielfältig, meist aber weiß, grünlich-braun
D	Glanz:	Glas bis Perlmutt; dünne, durchscheinende Blättchen
E	Dichte:	normal (~2,6)
F	# :	**vollkommen** (Blättchen) (001)
G	Bruch:	biegsam; splittrig
H	XX :	schuppig-blättrige Agg. Speckstein dicht,massig
I	Sonst:	fühlt sich **fettig** an

2. Gips
$Ca[SO_4] \cdot 2H_2O$

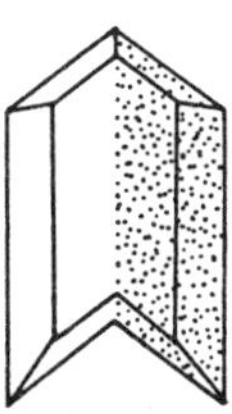

aus Rösler(1981

A	Härte:	**2**
B	Farbe:	farblos, oft weiß-grau
D	Glanz:	Glas, auf Bruchflächen Perlmutt
E	Dichte:	normal (~2,3)
F	# :	**vollkommen (010)**
G	Bruch:	muschelig bis faserig
H	XX :	meist tafelig, selten stengelig; typische Zwillingsbildungen (z.B. Schwalbenschwanz); körnige Agg.
J	Vorkommen:	gesteinsbildend

3. Steinsalz
$NaCl$
(Halit)

A	Härte:	**2**
B	Farbe:	farblos; oft rötlich gefär
D	Glanz:	Glas
E	Dichte:	leicht (~2,0)
F	# :	**vollkommen nach dem Würfel**
G	Bruch:	spröde
H	XX :	**Würfel**; meist aber grobkristalline Massen
I	Sonst:	**wasserlöslich; salziger Geschmack**
J	Vorkommen:	gesteinsbildend (Salzlagerstätten)

4. Tonminerale

Die Kristalle/Aggregate der Tonminerale (Illit, Montmorillonit usw.) sind makroskopisch nicht identifizierbar. Sie stellen die Verwitterungsprodukte v Feldspat-reichen Gesteinen dar.

5. Chlorit
Mg-Fe-Schichtsilikat

A	Härte:	**2 - 2,5**
B	Farbe:	meist **grünliche** Tönungen
D	Glanz:	Glas; auf # Perlmutt
E	Dichte:	normal (2,6 - 3,3)
F	# :	**vollkommen** (Blättchen) (00
G	Bruch:	**nicht biegsam**; splittrig
H	XX :	blättrig; schuppige Agg.

6. Bleiglanz
PbS
(Galenit)

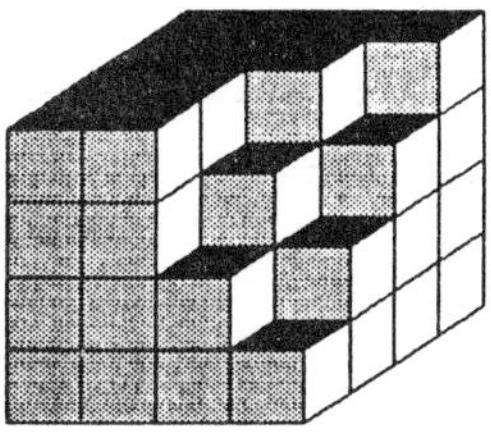

A	Härte:	**2,5**
B	Farbe:	**bleigrau**
C	Strich:	schwarz
D	Glanz:	Metallglanz
E	Dichte:	sehr schwer (~7,5)
F	# :	**vollkommen** (Würfel) (100) **treppenartig**
G	Bruch:	spröde
H	XX :	**Würfel** mit Oktaederabstumpfungen
I	Sonst:	oft mit ZnS vergesellschaftet

7. Muskowit
K-Al-Schichtsilikat

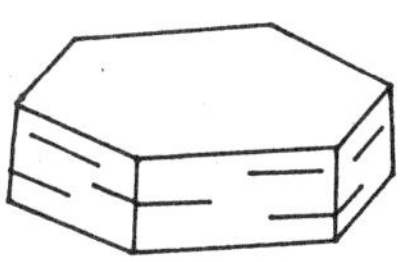

aus Tröger (1982)

A	Härte:	**2-3**
B	Farbe:	farblos bis blasse Farben
D	Glanz:	Glas; auf # Perlmutt, **durchscheinende** Blättchen
E	Dichte:	normal (2,8 - 3,1)
F	# :	**vollkommen** (Blättchen) (001)
G	Bruch:	**biegsam**; splittrig
H	XX :	pseudohexagonale Blättchen; schuppige Agg.

8. Biotit
K-Mg-Fe-Schichtsilikat

A	Härte:	**2,5 – 3**
B	Farbe:	meist dunkelbraun bis sch
D	Glanz:	Glas; auf # Perlmutt
E	Dichte:	normal (~3,1)
F	# :	**vollkommen** (Blättchen) ((
G	Bruch:	**biegsam**, splittrig
H	XX :	wie Muskowit

9. Calcit
$CaCO_3$
(Kalkspat)

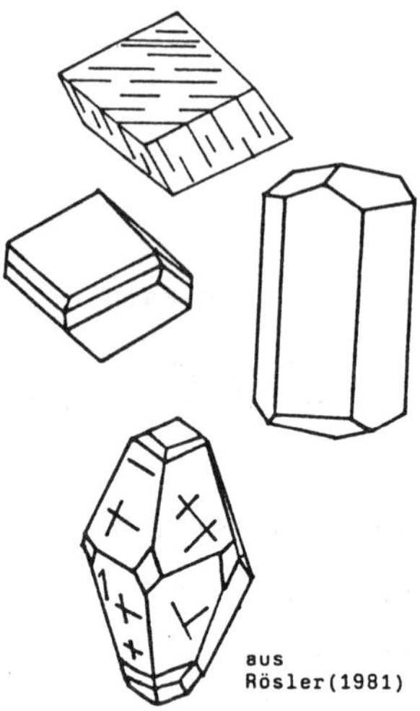

aus
Rösler(1981)

A	Härte:	**3**
B	Farbe:	vielfältig, meist weiß-gr
D	Glanz:	Glas
E	Dichte:	normal (~2,7)
F	# :	vollkommen (Rhomboeder)
G	Bruch:	spröde
H	XX :	vielfältig, Grundformen: Prismen, Rhomboeder, Skalenoeder
I	Sonst:	**sprudelt bei kalter HCl (4 %)** (andere Karbonate kaum; Aragonit nur bei konz. HC
J	Vorkommen:	Durchläufermineral; gesteinbildend

10. Serpentin
Mg-Schichtsilikat
(Antigorit, Chrysotil)

A	Härte:	**2–3**
B	Farbe:	**flaschengrün** bis schwarzgrün
D	Glanz:	Glas bis **Fett**
E	Dichte:	normal (~2,6)
F	# :	vollkommen (nur bei grobbl. Antigorit zu beobachten)
G	Bruch:	**biegsam**; splittrig
H	XX :	**faserig**-blättrig = Chrysotil grobblättrig-wellblechartig = Antigorit

11. Baryt
$BaSO_4$
(Schwerspat)

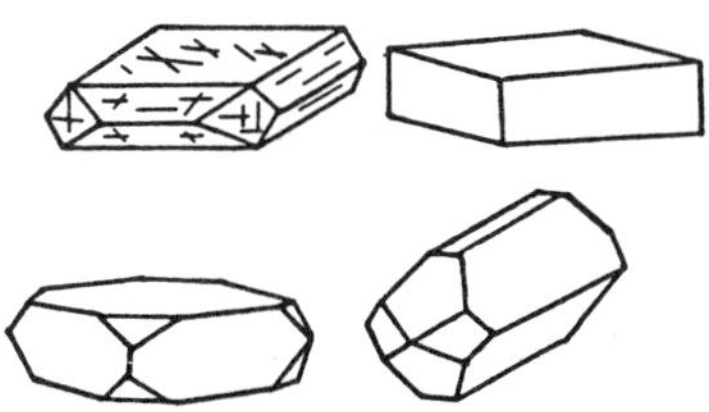

aus Rösler (1981)

A	Härte:	**3 – 3,5**
B	Farbe:	vielfältig, meist milchweiß
D	Glanz:	Glas
E	Dichte:	**schwer** (~4,5)
F	# :	**vollkommen** (Quader) (210,001)
G	Bruch:	spröde
H	XX :	formenreich; meist **tafelig** prismatisch; Agg. blättrig-**spätig**

12. Anhydrit
$CaSO_4$

A	Härte:	**3,5**
B	Farbe:	farblos; oft weiß-grau
D	Glanz:	Glas
E	Dichte:	normal (~2,9)
F	# :	deutlich
G	Bruch:	spröde
H	XX :	prismatisch-dicktafelig; meist grobkristalline Massen
I	Sonst:	gesteinsbildend

13. Zinkblende
ZnS
(Sphalerit)

A	Härte:	**3,5 - 4**
B	Farbe:	honiggelb-braun bis schwarz
C	Strich:	**bräunlich** (stets heller als Mineralfarbe)
D	Glanz:	blendartiger **Diamant**
E	Dichte:	schwer (~4,2)
F	# :	vollkommen (Zwölfflächner) (110)
G	Bruch:	**spätig** bis spröde
H	XX :	selten, meist spätige Agg.
J	Vorkommen:	meist mit PbS vergesellschaftet

14. Kupferkies $CuFeS_2$ (Chalkopyrit)	A	Härte:	**3,5 – 4**
	B	Farbe:	**messinggelb** mit **Grünstich**, oft **bunt angelaufen**
	C	Strich:	schwarz (Grünstich)
	D	Glanz:	Metall
	E	Dichte:	schwer (~4,2)
	F	# :	schlecht
	G	Bruch:	muschelig, uneben
	H	XX :	selten; meist derb oder eingesprengt

15. Fluorit CaF_2 (Flußspat)	A	Härte:	**4**
	B	Farbe:	vielfältig; oft violett
	D	Glanz:	Glas, **durchscheinend**
	E	Dichte:	normal (~2,3)
	F	# :	vollkommen (Oktaeder) (111)
	G	Bruch:	spröde bis muschelig
	H	XX :	**Würfel, Oktaeder**; Agg. spätig, dicht bis gebändert

16. Limonit
FeOOH
(Lepidokrokit/Goethit)

A	Härte:	**5**
B	Farbe:	**rot-rotschwarz** (Lepido.) **braun-gelb** (Goethit)
C	Strich:	braun
D	Glanz:	Metall; oft aber matt
E	Dichte:	schwer (~4,2)
F	# :	vollkommmen, meist aber nicht erkennbar
G	Bruch:	spröde bis pulverig
H	XX :	selten; meist massig, pulverig, **kolomorph-wulstig** (brauner Glaskopf)

17. Leucit
K-Gerüstsilikat
Feldspatvertreter

A	Härte:	**5-6**
B	Farbe:	**aschgrau** bis blaß gefärbt
D	Glanz:	Glas (matt) bis Fett
E	Dichte:	normal (~2,5)
F	# :	**fehlt**
G	Bruch:	muschelig
H	XX :	**Deltoid-Ikositetraeder**; skelettartige-körnig Agg.
J	Vorkommen:	Durchläufermineral

18.Nephelin
K-Na-Gerüstsilikat
Feldspatvertreter

A Härte: **5-6**

B Farbe: farblos bis grau

D Glanz: Glas bis **Fett (auf Bruchfl.)**

E Dichte: normal (~2,6)

F # : **fehlt**

G Bruch: muschelig bis uneben

H XX : **prismatisch-kurzsäulig**; dichte, tafelige, körnige Agg

J Vorkommen: typisch magmatisch

19.Hornblenden
Bandsilikate
(Amphibole)

A Härte: **5-6**

B Farbe: gewöhnlich dunkel (schwarzbraun) mit **Grünstich**

D Glanz: Glas

E Dichte: normal (2,9 - 3,4)

F # : deutlich (schalig) (110); #-Winkel: 127°

G Bruch: splittrig

H XX : meist langsäulige Prismen; stengelig-faserige Agg.

Beispiele (häufigste Glieder):

- Aktinolith (Strahlstein): **flaschengrün**; säulige XX ohne Endflächen; **faserig** (Asbest)
- gem. Hornblende: dunkelgrün - schwarz

20. Pyroxene
Kettensilikate

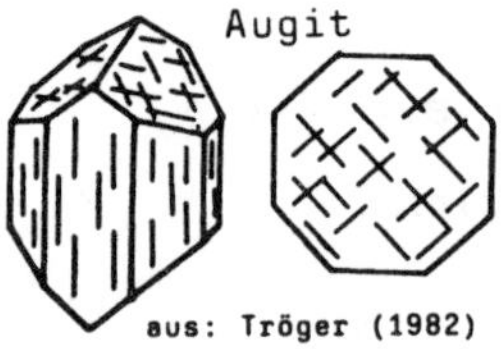

aus: Tröger (1982)

A Härte: **5-6**

B Farbe: farblos-grünlich, meist aber **dunkelbraun - schwarz** (z.T. schillernd)

D Glanz: Glas

E Dichte: normal (3,1 - 3,8)

F # : deutlich (110) aber weniger deutlich als bei Amphibolen; #-Winkel: 87°

G Bruch: splittrig

H XX : prismatisch-kurzsäulig

Beispiele (häufigste Glieder):

- Bronzit: **bronzeschillernd**; spätig-strahlige Agg.; metallisch glänzend
- Augit: schwarz-braun; kurzprismatische XX sind häufig, ebenso Zwill.

Allgemeine Anmerkung: Amphibole und Pyroxene sind makroskopisch schwer zu unterscheiden. Innerhalb einer Gruppe ein Mineral zu identifizieren ist meist nur unter dem Mikroskop möglich.

21. Magnetit
$Fe^{2+}Fe^{3+}{}_2O_4$
(Magneteisenerz)

A Härte: **5,5 - 6**

B Farbe: **eisenschwarz**

C Strich: schwarz

D Glanz: Metall, oft matt

E Dichte: schwer (~5,2)

F # : schlecht

G Bruch: muschelig

H XX : meist **Oktaeder**, Rhombendodekaeder; körnige Agg.

I Sonst: **magnetisch**

22. Arsenkies
FeAsS
(Arsenopyrit)

aus:
Rösler(1981)

A Härte: **5,5 – 6**

B Farbe: **zinnweiß** (XX-Flächen), **hellgrau** (B.-Flächen), oft gelblich angelaufen

C Strich: grauschwarz

D Glanz: Metall

E Dichte: **sehr schwer** (6,1)

F # : schlecht

G Bruch: spröde bis muschelig

H XX : **säulig**-stengelig, oft mit Flächenstreifung; strahlige bis körnige Agg.

I Sonst: **Knoblauchgeruch** beim Anschlagen

23. Orthoklas
K-Gerüstsilikat
(Alkalifeldspat)

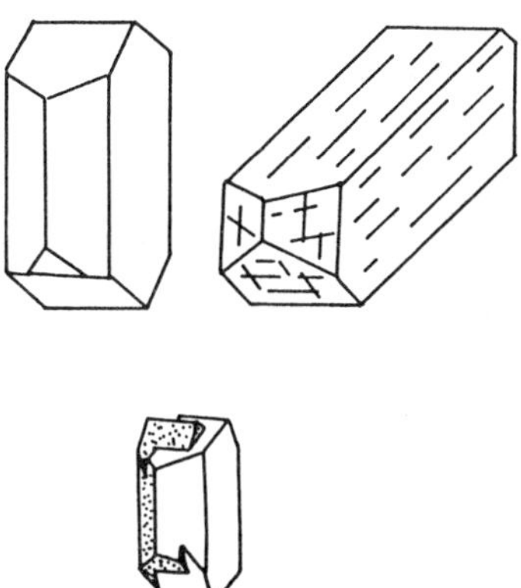

aus: Tröger (1982)

A Härte: 6

B Farbe: weiß-braun-gelb, häufig aber **rötlich (fleischrot)** und trüb

D Glanz: Glas

E Dichte: normal (~2,5)

F # : **vollkommen** nach (210) und (010), mit fast rechtem Winkel (87°)

G Bruch: splittrig bis uneben

H XX : meist prismatisch-tafelig, körnige Agg.

I Sonst:
- makroskopisch leicht mit Plagioklasen zu verwechseln
- Zwillinge häufig
- Perthitstreifung

24.Plagioklase
Na-Ca-Gerüstsilikate
Feldspäte

nach Tröger (1982)

A	Härte:	**6 – 6,5**
B	Farbe:	meist **weißlich-grau** (trüb)
D	Glanz:	Glas
E	Dichte:	normal (~2,6)
F	# :	wie Orthoklas; jedoch unter #-Winkel von 90°
G	Bruch:	splittrig bis uneben
H	XX :	wie Orthoklas

25.Disthen
Al-Inselsilikat
(Kyanit)

A	Härte:	**5 – 7** **(richtungsabhängig)**
B	Farbe:	grün-gelblich; meist **hellblau**
D	Glanz:	Glas auf #-Flächen Perlmutt
E	Dichte:	normal (~3,6)
F	# :	vollkommen (100)
G	Bruch:	Absonderung nach (001)
H	XX :	**säulig**; zur c-Achse (001) gestreckt
J	Vorkommen:	typisch metamorph

26. Hämatit
Fe_2O_3
(Eisenglanz)

A Härte: **6,5**

B Farbe: grauschwarz bis braunrot (roter Glaskopf)

C Strich: **rot-rotbraun**

D Glanz: Metall; oft blau oder bunt angelaufen

E Dichte: schwer (~5,2)

F # : **fehlt**

G Bruch: muschelig bis spröde

H XX : meist plattig-tafelig bis würfelig oder rhomboedrisch; Agg. radial, derb, kolloidal

27. Pyrit
FeS_2
(Schwefelkies)

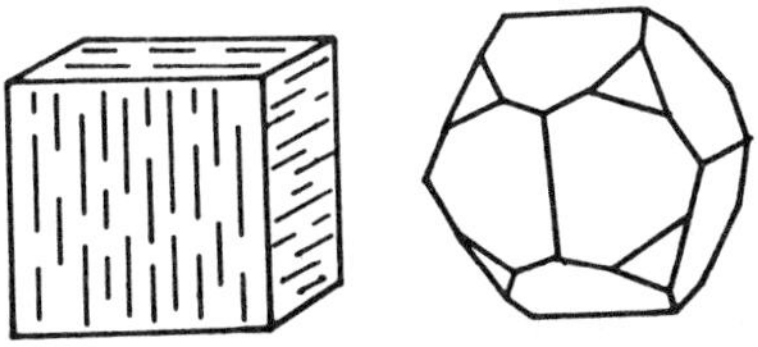

aus: Rösler (1981)

A Härte: **6 – 6,5**

B Farbe: hellgelb; oft bunt angelaufen

C Strich: grünlich-schwarz

D Glanz: Metall

E Dichte: schwer (~5,1)

F # : **schlecht**

G Bruch: spröde

H XX : meist **Würfel** (Flächenstreifung); derbe, radiale, kugelige Agg.

I Sonst: Durchläufermineral

28. Epidot
Ca-Al-Fe-Gruppensilikat

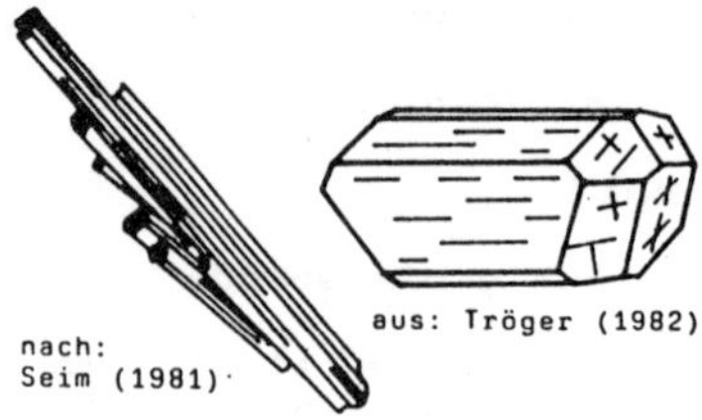

A	Härte:	**6-7**
B	Farbe:	meist **grünliche** Töne
D	Glanz:	Glas
E	Dichte:	normal (∼3,4)
F	# :	vollkommen (001)
G	Bruch:	muschelig bis splittrig
H	XX :	**lange Prismen** (Flächenstreifung); stengelig strahlige Agg.

29. Olivine
Mg-Fe-Inselsilikate

A	Härte:	**6,5 - 7**
B	Farbe:	farblos-**grün** bis schwarz
D	Glanz:	**Glas im Bruch fettig**
E	Dichte:	normal (3,2 - 4,2)
F	# :	deutlich (010)
G	Bruch:	**muschelig**
H	XX :	selten; meist derbe oder körnige Agg.
J	Vorkommen:	typisch für basische bis ultrabasische Magmatite (z.B. Dunit)

30. Quarz
SiO_2
Gerüstsilikat

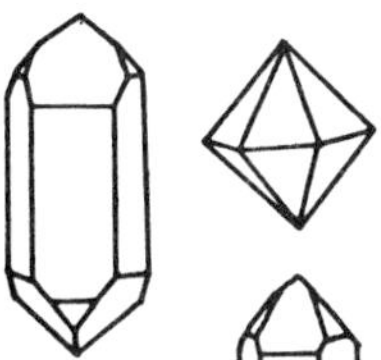

aus:
Seim (1981)

A Härte: **7**

B Farbe: vielfältig,
meist milchigweiß bis grau;
violett (Amethyst),
gelb (Citrin),
rosa (Rosenquarz)

D Glanz: Glas,
auf Bruchflächen **fettig**

E Dichte: normal (~2,6)

F # : **fehlt**

G Bruch: **muschelig**

H XX : 6-seitige Prismen
(Bergkristall
durchscheinend)
oft mit Spitzen;
meist jedoch derbe Massen

J Vorkommen: Durchläufermineral

31. Granate
Inselsilikate

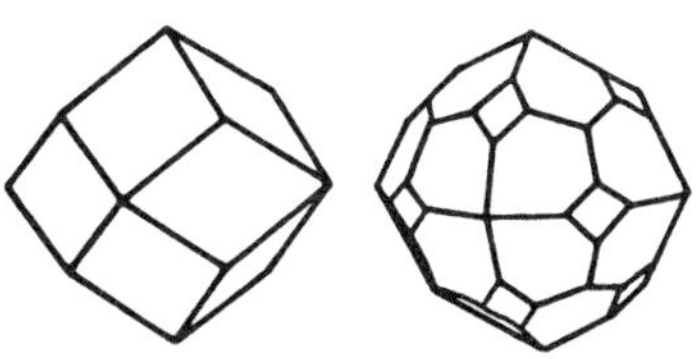

aus: Rösler (1981)

A Härte: **6,5 – 7**

B Farbe: vielfache Varietäten:

- Pyrop: blutrot
- Spessartin: gelb-rotbraun
- Gossular: gelb-grün-braun
- **Almandin**: rot-braunrot
- Andradit: gelb-grün-braun
- Uwarowit: smaragdgrün

D Glanz: Glas im Bruch fettig

E Dichte: normal (3,5 Pyrop) bis
schwer (4,2 Almandin)

F # : deutlich,
aber meist nicht erkennbar

G Bruch: **muschelig**

H XX : oft gut ausgebildete
Rhombendodekaeder,
Ikositetraeder und
Kombinationen

32.Andalusit
Al-Inselsilikat

aus: Seim (1981)

A Härte: **7 – 7,5**

B Farbe: vielfältig; meist rötlich

D Glanz: Glas (matt)

E Dichte: normal (~3,1)

F # : deutlich (110)

G Bruch: uneben, splittrig

H XX : **rhombische Prismen mit Kreuzen im Querbruch; stengelige** bis körnige Agg.

J Vorkommen: typisch metamorph

33. Sillimanit
Al-Inselsilikat

aus: Seim (1981)

A Härte: **7 – 7,5**

B Farbe: hellbraun-blaßgrün bis grau

D Glanz: Glas

E Dichte: normal (~3,2)

F # : vollkommen (010)

G Bruch: spröde

H XX : **nadelige Prismen ohne Spitzen; faserig-strahlige Agg.**

J Vorkommen: typisch metamorph

34. Staurolith
Fe-Al-Inselsilikat

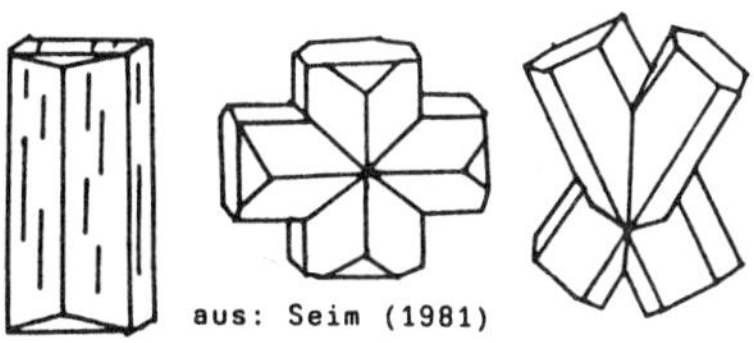

aus: Seim (1981)

A Härte: **7 - 7,5**

B Farbe: rotbraun-schwarzbraun

D Glanz: Glas

E Dichte: normal (~3,7)

F # : deutlich

G Bruch: uneben

H XX : **kurze, dicke Prismen;** körnige Agg.

I Sonst: typ. **Durchkreuzungs-zwillinge** im schiefen und rechten Winkel

J Vorkommen: typisch metamorph

35. Cordierit
Mg-Al-Ringsilikat

A Härte: **7 - 7,5**

B Farbe: meist **blau-violett**, durchscheinend

D Glanz: Glas

E Dichte: normal (~2,6)

F # : **schlecht**

G Bruch: spröde

H XX : selten; meist derbe, körnige Agg.

J Vorkommen: typisch metamorph

36.Turmaline
Ringsilikate

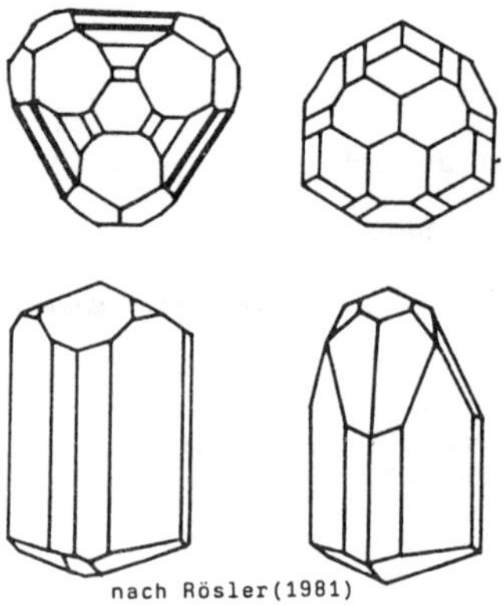

nach Rösler(1981)

A Härte: **7 – 7,5**

B Farbe: viele Varietäten

- **Rubellit:** rosa
- **Schörl:** schwarz
- Verdelith: grün
- Indigolith: blau

D Glanz: Glas

E Dichte: normal (2,9 – 3,3)

F # : **fehlt**

G Bruch: uneben bis muschelig

H XX : **langsäulig-prismatisch mit trigonalem Querschnitt,** Querstreifung, stengelig-strahlige Agg.

8. Schlüssel – Fossilbestimmung

8a Beschreibung der wichtigsten Klassen (mit Beispielen)

1. Trilobiten (marine Gliederfüßer)

A Vorkommen: Kambrium bis Perm (vor allem Oberkambrium bis Ordovizium).

B Bestimmungsmerkmale:

- Schematischer Bauplan

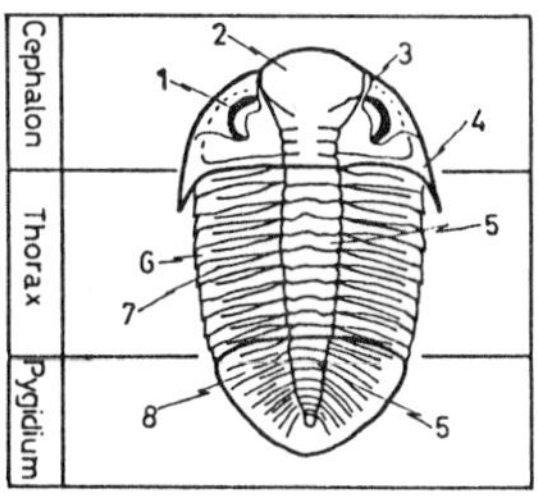

1. Auge
2. Glabella
3. Gesichtsnaht
4. Wangenstachel
5. Spindelring
6. Pleure
7. Pleuralfurche
8. Interpleuralfurche

- alle Merkmale werden zur Bestimmung herangezogen. Hauptbestimmungsmerkmale sind jedoch:
  - Form der Glabella
  - soweit erkennbar Verlauf der Gesichtsnaht und Anordnung der Augen
  - Form des Pygidiums

Beispiele wichtiger Trilobitenformen

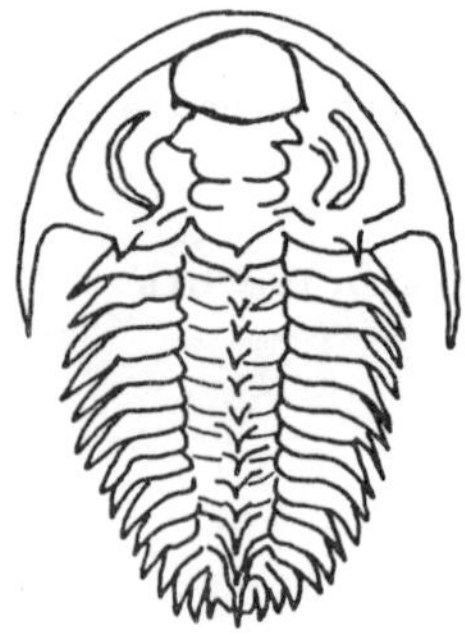

Holmia (Unterkambrium)

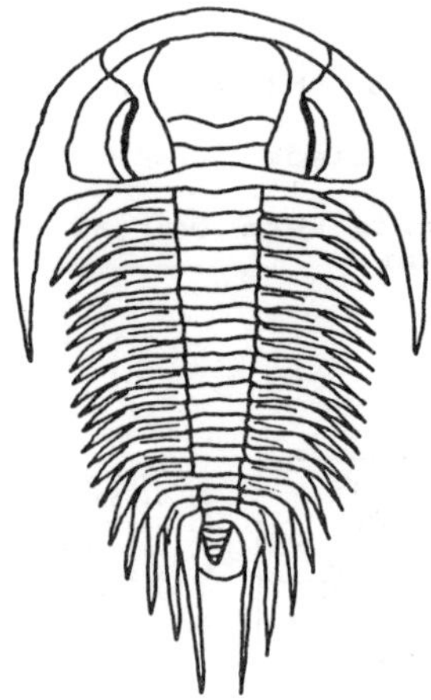

Paradoxides (Mittelkambrium)

Olenus (Oberkambrium)

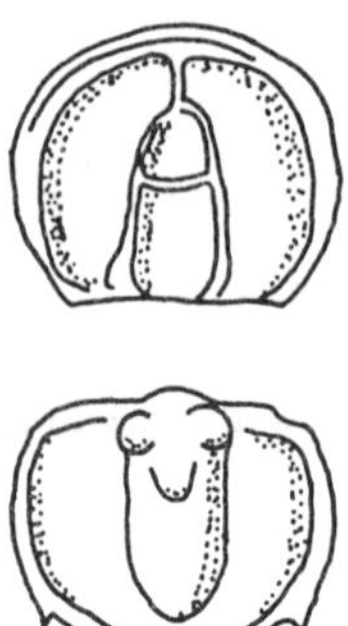

Agnostus (Oberkambrium)

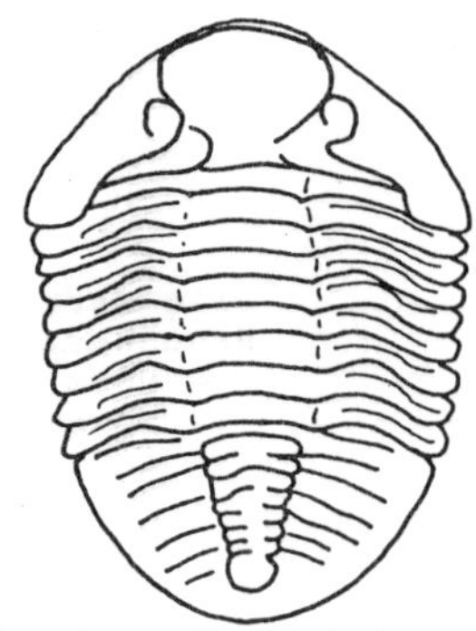

Asaphus (Ordovizium)

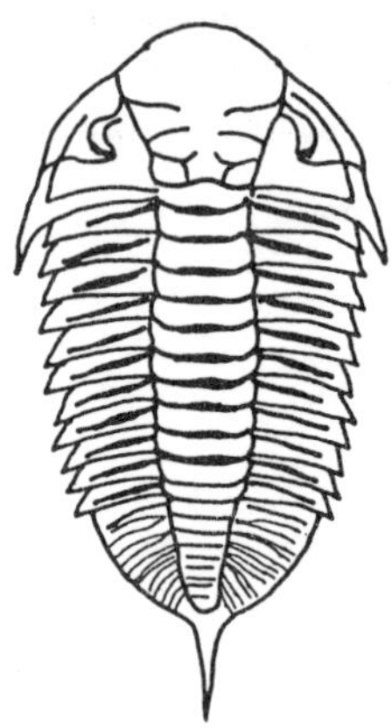

Dalmanitina (Ordovizium)

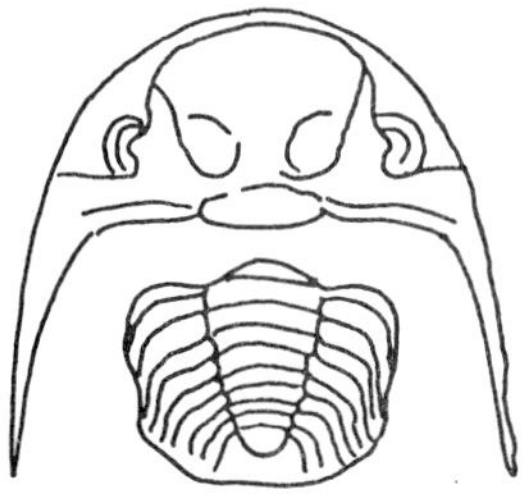

Chasmops (Ordovizium)

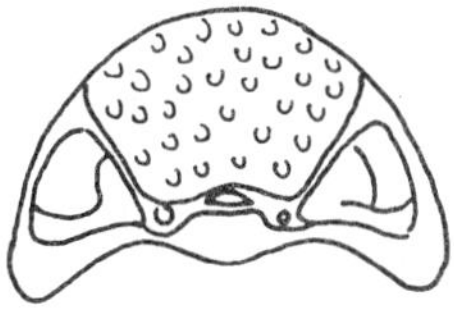

Phacops (Silur - Devon)

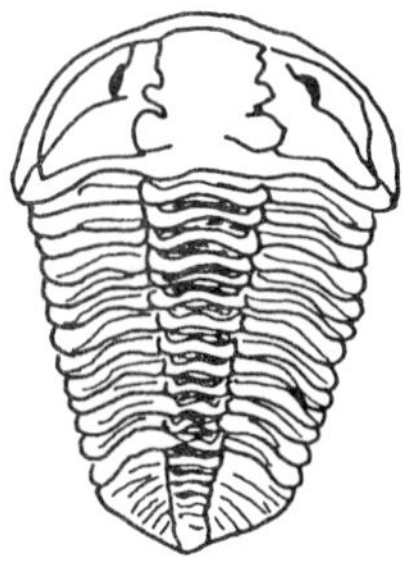

Calymene (Mittel-silur)

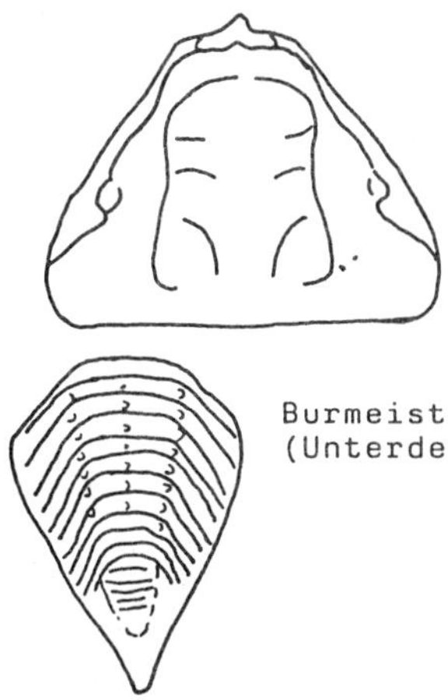

Burmeisteria (Unterdevon)

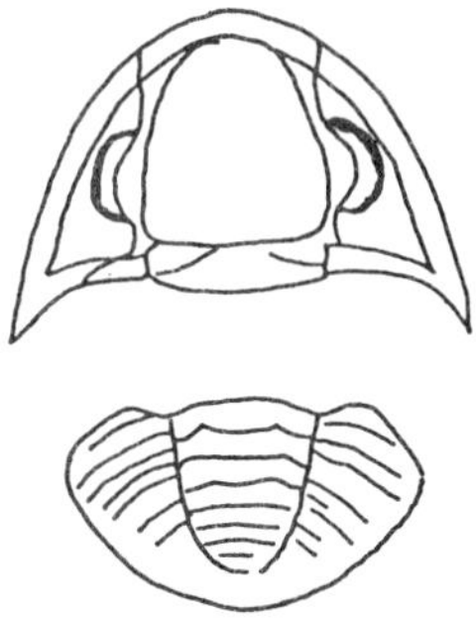

Proetus (Devon)

2. Graptolithen

A Vorkommen: Ordovizium bis Unterdevon

B Bestimmungsmerkmale:

- Anordnung und Form der Theken

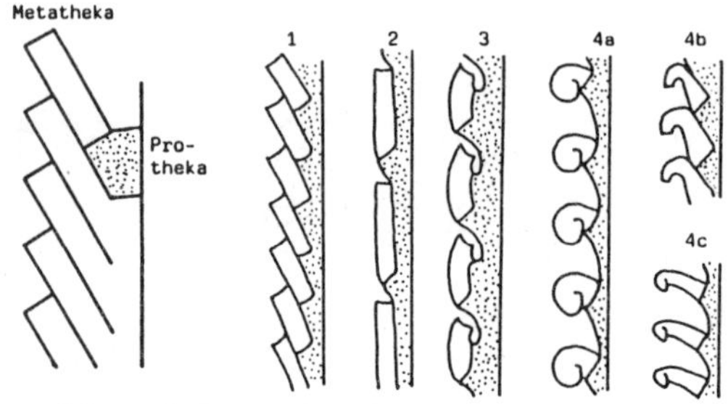

- Anzahl und Form der Äste

Charakteristische Graptolithenformen

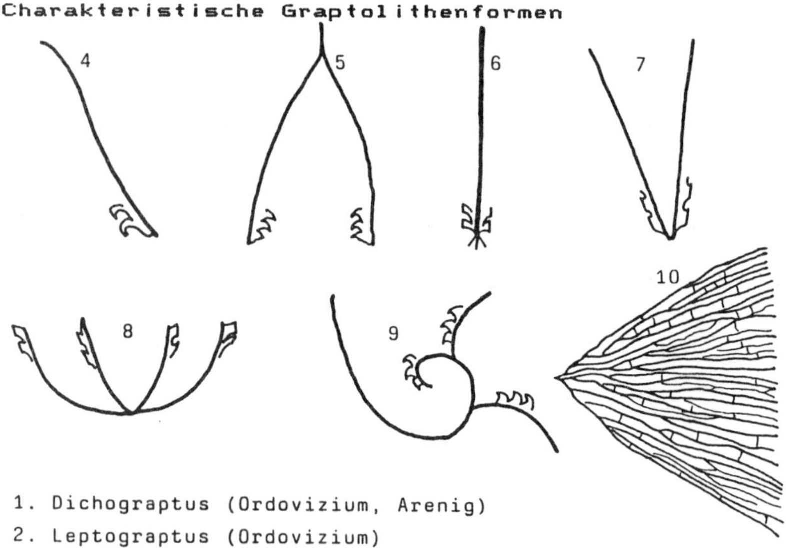

1. Dichograptus (Ordovizium, Arenig)
2. Leptograptus (Ordovizium)
3. Climacograptus (Ordovizium, Ashgill)

4a-c. Monograptus (Silur, Landovery)

5. Dimograptus (Ordovizium,Llandvrin)
6. Diplograptus (Ordovizium, Caradoc)
7. Dicellograptus (Ordovizium, Ashgill)
8. Tetragraptus (Ordovizium, Arenig)
9. Cyrtograptus (Silur, Wenlock)
10. Dictyonema (Ordovizium, Tremadoc)

3. Ammonoidea (Cephalopoden, Kopffüßer)

A Vorkommen: Devon-Perm (Goniatiten, Clymenien)
- Trias (Ceratiten) - Jura-Kreide (Ammoniten)

B Bestimmungsmerkmale:

- Lobenlinie (Kammernahtlinie): Wichtigstes Bestimmungsmerkmal, oft jedoch nicht erhalten. Bestimmung der Art erfordert eingehende Kenntnisse; Unterscheidung der Hauptgruppen einfach.

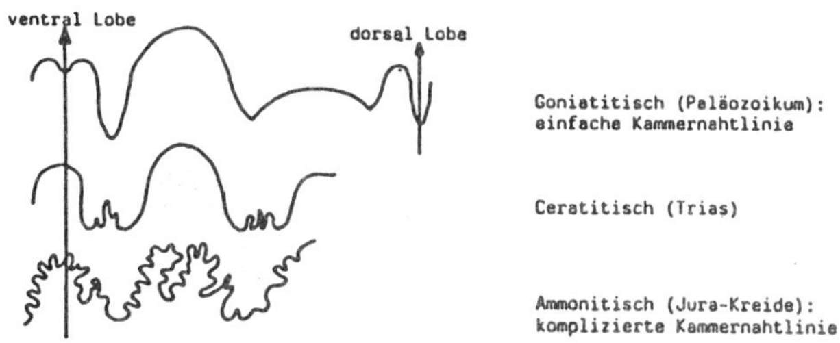

- Gehäuseform (Windungstyp) und Querschnittsverhältnisse der Windungen:

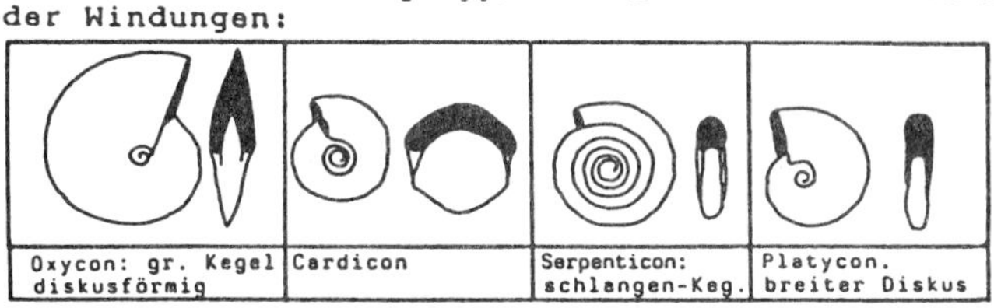

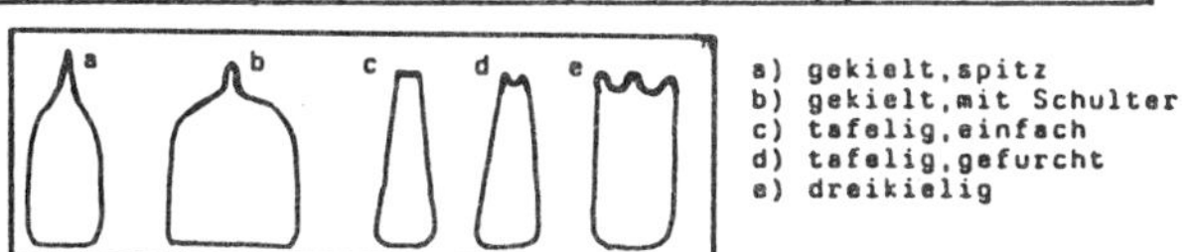

- Rippentypen der Gehäuse:

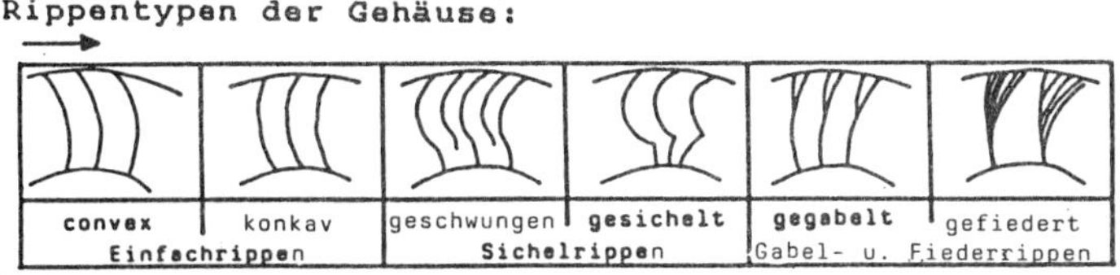

- Weitere Bestimmungsmerkmale:

  - Lage des Siphos (oft nicht erkennbar)

Anmerkung: Sind die Trilobiten und Graptolithen die wichtigstenLeitfossilien im Paläozoikum, stellen die Ammonoidea (z.T. auch Belemnoidea) die wichtigsten im Mesozoikum dar.

Beispiele wichtiger Ammonitenformen

Anarcestes (Devon, Eifel)

Clymenia (Oberdevon)

Mantioceras (Devon, Frasne)

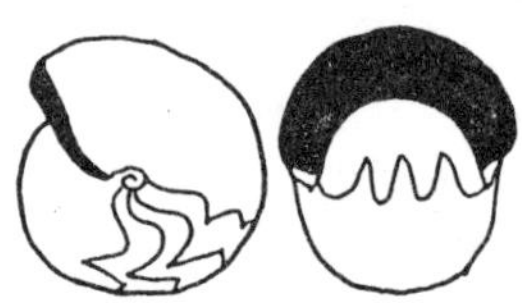

Goniatites (Karbon, Visé)

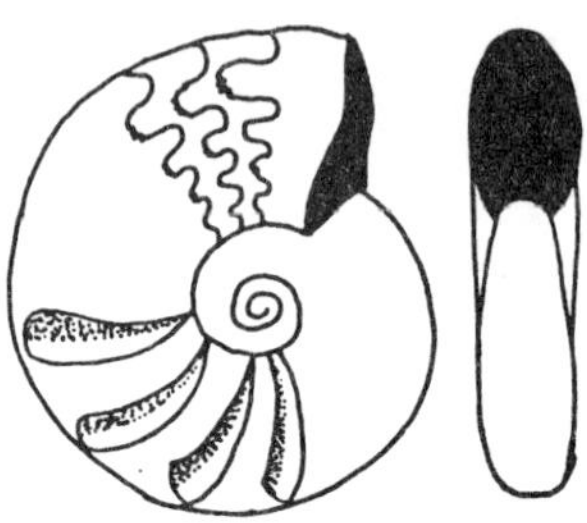

Ceratites nodosus (Trias, ob. Muschelkalk)

Psiloceras spinatum (Jura, Lias α)

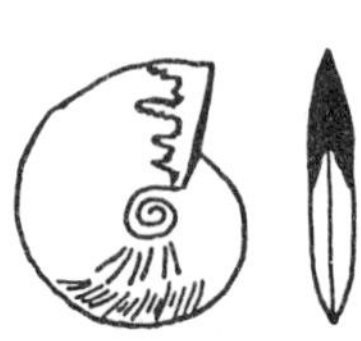

Oxynoticeras oxynotum (Jura, Lias β)

Amaltheus margaritatus (Jura, Lias δ)

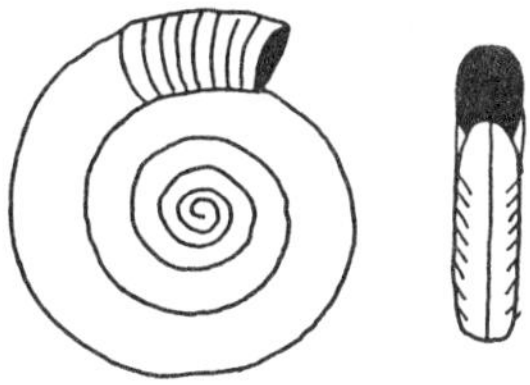

Dumortieria levesquei (Jura, Lias ζ)

Leioceras opalinum (Jura,Doggerα)

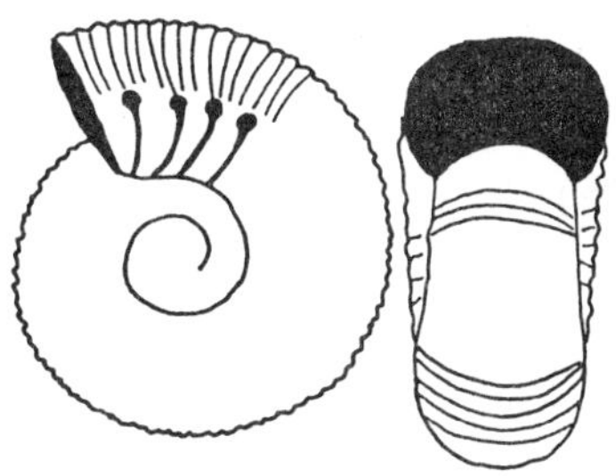

Stephanoceras humphriesianum (Jura,Dogger δ)

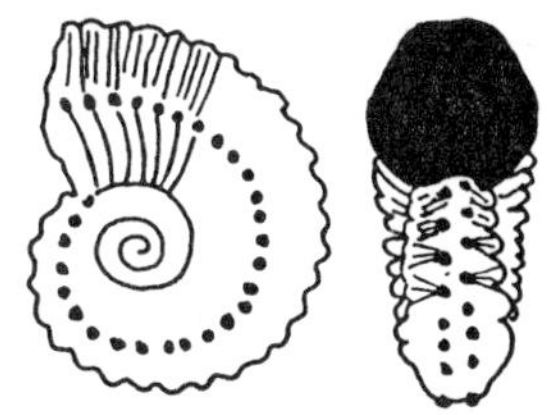

Kosmoceras ornatum (Jura, Dogger ζ)

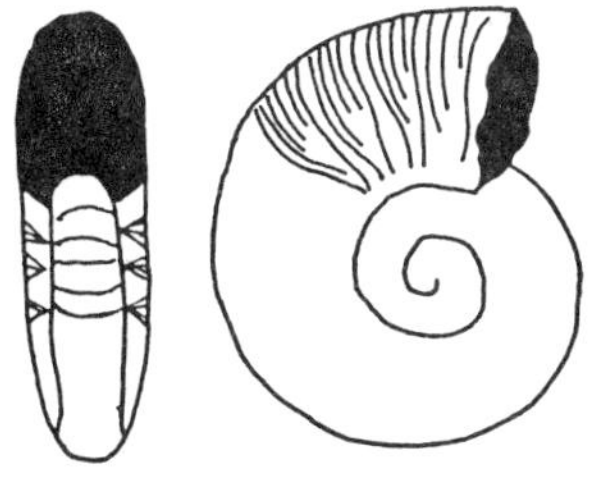

Virgatitis sp. (Jura,Ob.Malm)

Perisphinctes pickeringius (Jura, Malm)

Schloenbachia (Kreide,Alb-Cenoman)

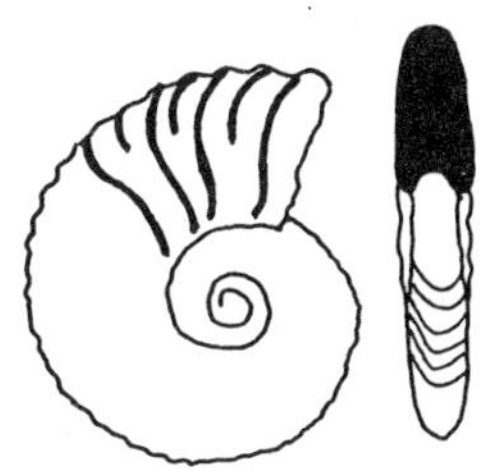

Hoplites (Kreide,Alb)

4. Belemnoidea (Cephalopoden, Kopffüßer)

A Vorkommen: Unter-Karbon bis Kreide,
häufig nur in Jura und Kreide
(unter Reduktion des Gehäuses bis ins Eozän)

B Bestimmungsmerkmale:

- Form des Rostrums, einschließlich der Spitze (Mucro)
- Form, Tiefe, Breite und Länge des Schlitzes

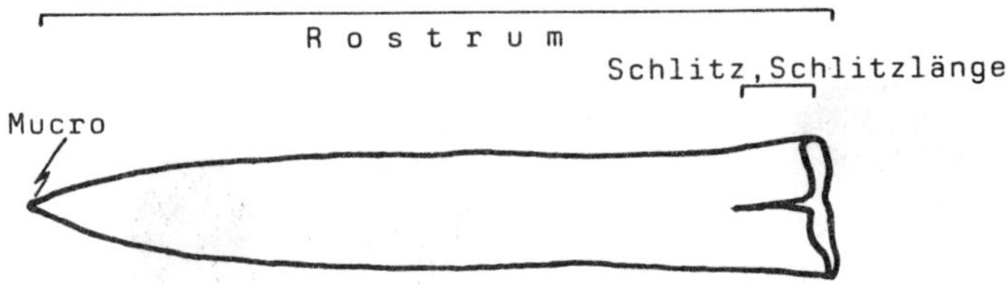

Länge, Tiefe und
Breite des Schltzes:
Alveolenform

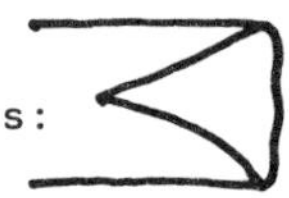

- weitere Bestimmungsmerkmale
  - Schlitzbodenwinkel, Fissurboden, Mündungskerbe, sind wenn erhalten, schwer erkennbar.

Charakteristische Belemnitenformen

Belemnites "Passaloteuthis" (Jura, Lias)

Hastites (Lias-Dogger)

Hibolites (Malm-Unterkreide)

Neohibolites (Unterkreide)

Gonioteuthis (Oberkreide)

5. **Lamellibranchiata** (Muscheln)

A Vorkommen: Kambrium bis rezent

B Bestimmungsmerkmale:

- Schloßtypen

  - Zweierlei Zahntypen (heterodont)
    (R-rechte Klappe/L-linke Klappe)

    1. lucinoid
    2. cyrenoid
    3. praeheterodont
    4. schizodont

  - Zahlreiche, gleichartige und gleichorientierte Zähne/Gruben (taxodont)

    5. actinodont
    6. ctenodont

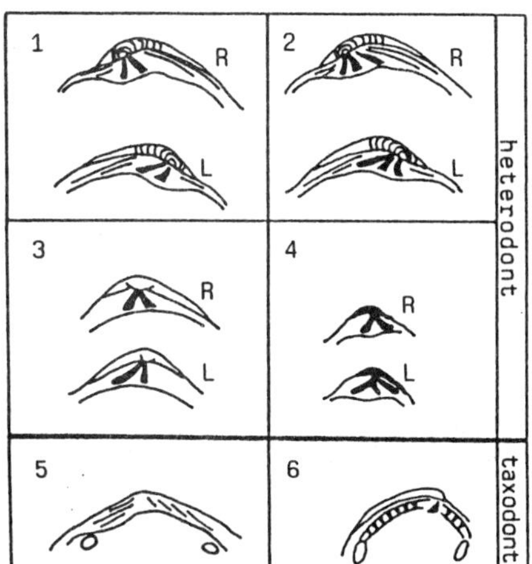

- Schließmuskeltypen

  - Schließmuskeln etwa gleich groß (homomyar)

    1. Mantellinie nicht eingebuchtet (integripalliat)
    2. Mantellinie eingebuchtet (sinupalliat)

- Schließmuskel ungleichgroß (anisomyar)

  1. Zwei verschiedene Muskeleindrücke (heteromyar)
  2. Ein Muskeleindruck (monomyar)

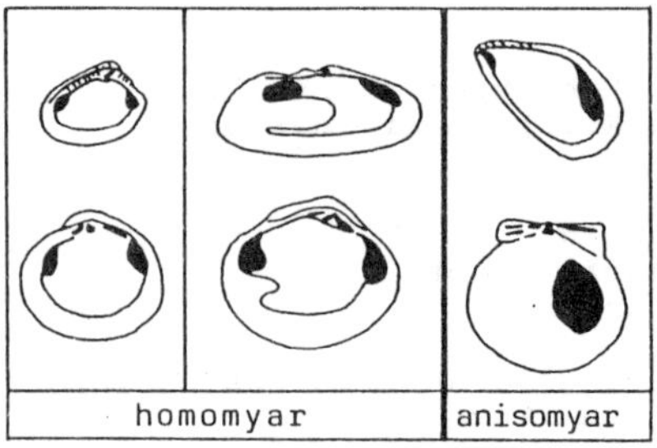

- Aufgrund des Erhaltungszustandes ist oft nur die Schalenform das einzige Bestimmungsmerkmal im Gelände

Charakteristische Schalenformen

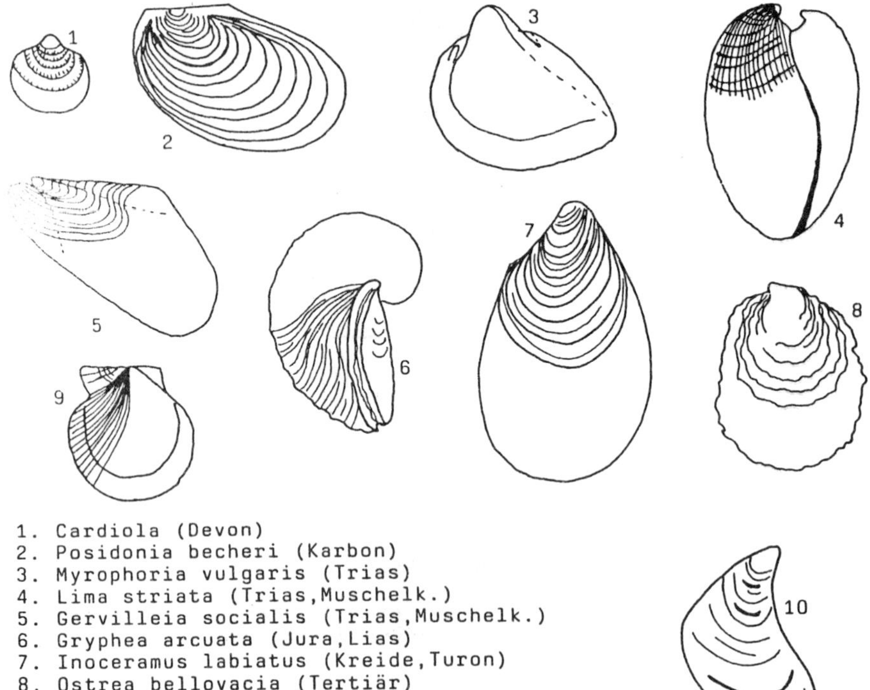

1. Cardiola (Devon)
2. Posidonia becheri (Karbon)
3. Myrophoria vulgaris (Trias)
4. Lima striata (Trias,Muschelk.)
5. Gervilleia socialis (Trias,Muschelk.)
6. Gryphea arcuata (Jura,Lias)
7. Inoceramus labiatus (Kreide,Turon)
8. Ostrea bellovacia (Tertiär)
9. Pecten pictus (Tertiär,Oligozän)
10. Mytilus acutirostis (Tertiär,Oligozän)

6. Brachiopoden (Armkiemer)

A Vorkommen: Kambrium bis rezent

B Bestimmungsmerkmale:

- Schematischer Bauplan

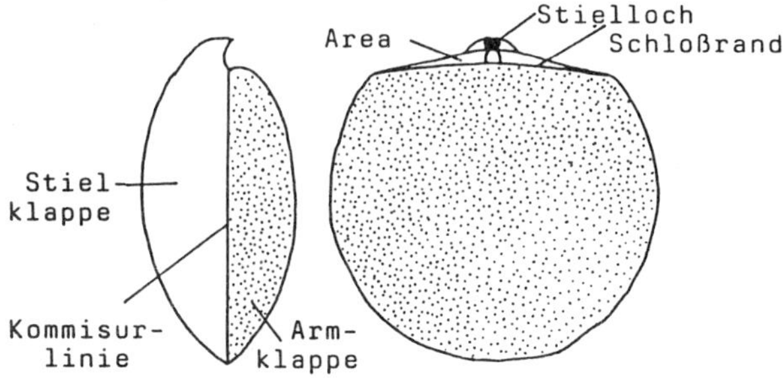

- Neigung des Schloßrandes (Area) - schematisch

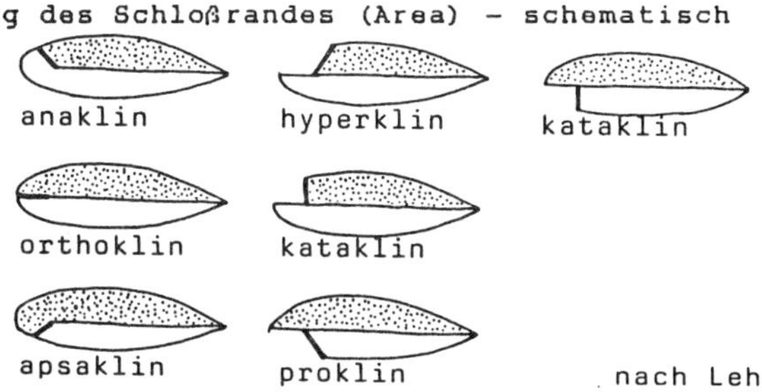

nach Lehmann (1977)

- Armgerüst - Typen (im Gelände selten erkennbar)

1. Brachiophor
2. ancistropegmat
3. terebratulid
4. terebratellid
5. spiriferid
6. stringocephalid
7. atrypid
8. athyrid

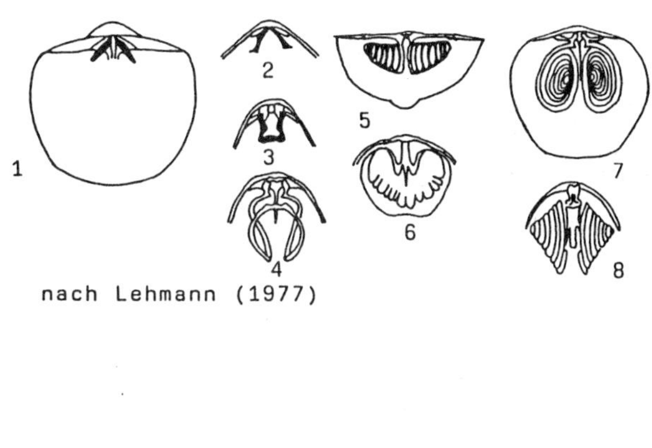

nach Lehmann (1977)

Charakteristische Schalenform

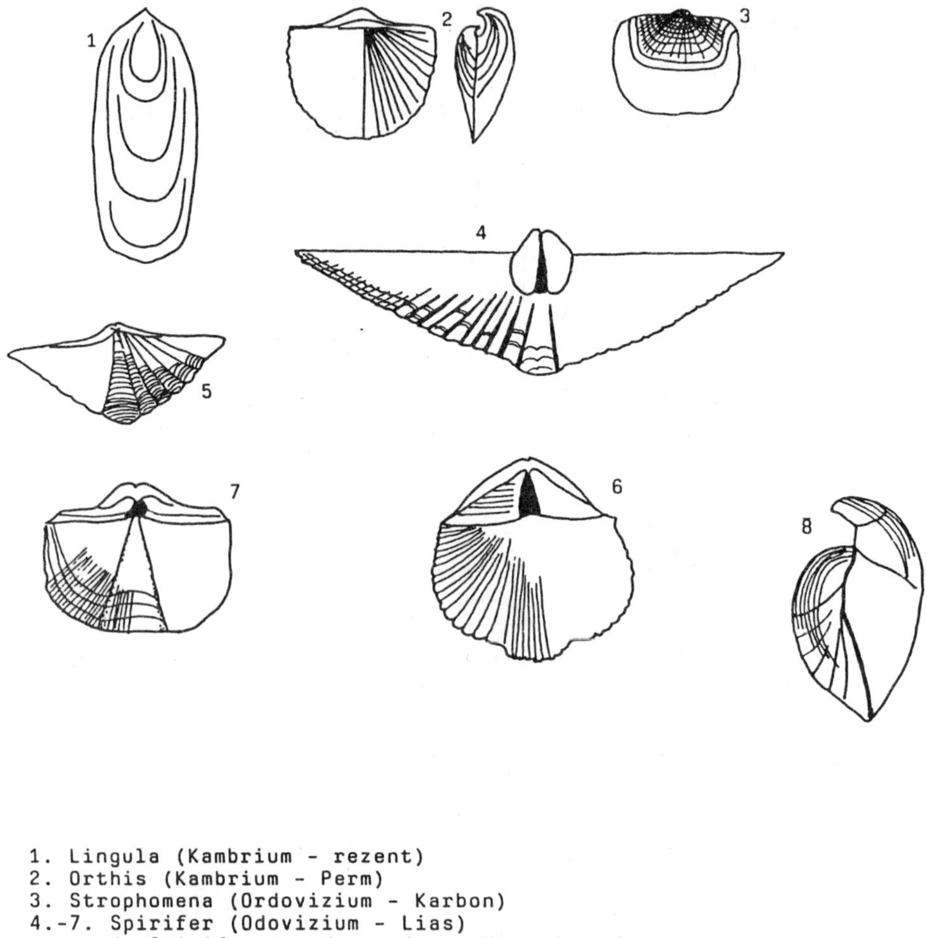

1. Lingula (Kambrium - rezent)
2. Orthis (Kambrium - Perm)
3. Strophomena (Ordovizium - Karbon)
4.-7. Spirifer (Odovizium - Lias)
    4. Spirifer paradoxus (unt. Unterdevon)
    5. Acrospirifer speciosus (ob. Unterdevon)
    6. Spififer aperturatus (Mitteldevon)
    7. Cyrispirifer verneuili (Oberdevon)
8. Uncites gryphus (Mitteldevon)

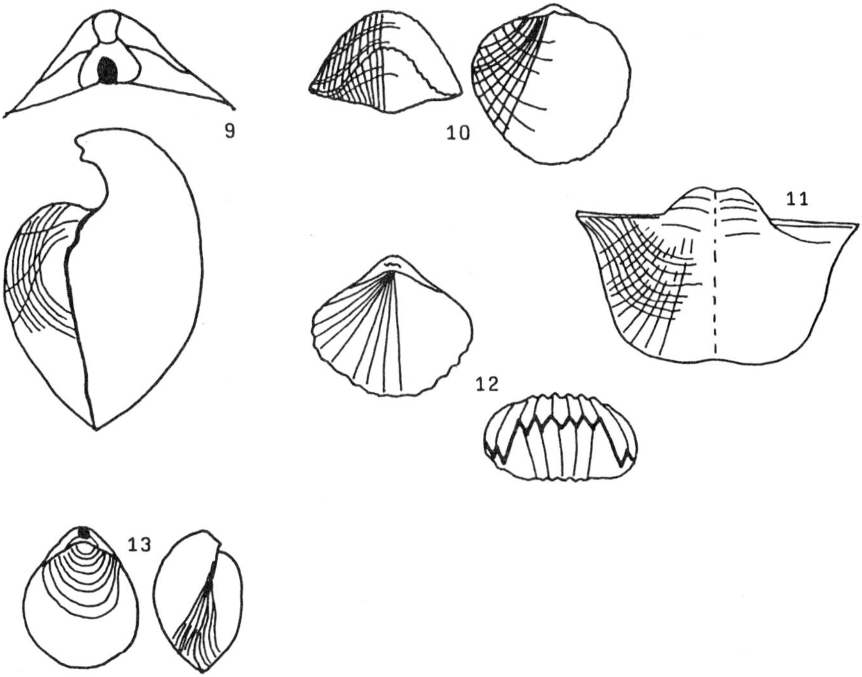

9. Stringocephalus burtini (Mitteldevon, Givet)
10. Atrypa reticularis (Mitteldevon)
11. Productus horrida (Perm)
12. Rhynchonella (Ordovizium - Kreide)
13. Terebratula (Silur - rezent)

8b **Weitere wichtige Klassen** (ohne Beispiele)

7. **Korallen** (Anthozoa): Vorkommen: Ordovizium bis rezent (vor allem Devon, Kreide - rezent)

Bestimmungsmerkmale: Anordnung der Septen (Axialstrukturen); Anordnung des Korallums (Koloniefromen)

8. **Seeigel** (Echiniden): Vorkommen: Ordovizium bis rezent (vor allem ab der Kreide)

Bestimmungsmerkmale: Lage der After- und Mundöffnungen, Ambulakralfelder, und Madreporenplatte; selten erhaltene Stacheln

9. **Seelilien** (Crinoiden): Vorkommen: Ordovizium bis rezent (vor allem ab Jura)

Bestimmungsmerkmale: Krone (Arme, Kelch) und Stiel; Anordnung, Form und Größe der einzelnen Segmente und Platten

10. **Pflanzen**: Vorkommen: Silur bis rezent (vor allem Karbon)

Bestimmungsmerkmale: Schwierig, da verschiedene Teile einer Art mit unterschiedlichem Alter auftreten können; Stämme (Narbung), Äste (Verzweigungen mit Achse, Narbung), Blätter, Wedel, Fieder (Form, Zeichnung); selten Wurzeln

11. **Schnecken** (Gastropoda) Vorkommen: Kambrium bis rezent (vor allem seit der Kreide)

Bestimmungsmerkmale: Windung der Gehäuse (links, rechts), Grad der Einrollung, Form des Mundsaumes, Streckung des Gehäuses

8c Lebensspuren

- Schichtober- /unterseite:
  - Kriechspuren (z.B. Pfeilschwanzkrebse)
  - Weidespuren (z.B. Schnecken)
  - Ruhespuren

    Achtung: gelegentlich mit Strömungsmarken zu verwechseln, z.B. durch leere rollende oder schleifende Ammonitengehäuse.

- Schräg- /senkrecht zur Schichtung:
  - Freßbauten (z.B. Muscheln)
  - Wohnbauten

- Weitere indirekte Lebensspuren:
  - Wurzelröhren

- Grad der durch lebende Organisman im Sediment verursachte Texturen (Bioturbation):
  - Art der Bioturbation (durch welche Arten verursacht)
  - Grad der Bioturbation (relativ an der Durchwühlung bzw. Entschichtung des Sediments abzulesen)
    - fehlende Bioturbation
    - schwach verwühlt
    - mäßig verwühlt
    - stark verwühlt (völlige Entschichtung)

8d Rahmendaten

Hinweis: Diese Untersuchungen sind zum Einen für jede einzelne Art, zum Anderen für die Artengemeinschaft durchzuführen.

A Statistische Determinanten:

- Häufigkeit (relativ / absolut)
    - Anteilsabschätzung nach **Schlüssel 9**
- Häufigkeitsverteilung
    - gleichmäßig
    - ungleichmäßig
        - Lagen- /Nesterartig
- Größe(n) absolut in (mm)
- Größenverteilung
    - gleich groß
    - ungleich groß
        - ggf. Anteile

B Orientierung

- regellos
- eingeregelt
    - ggf. einmessen

C Lage zur Schichtung

- gleichartig
- ungleichartig
    - schräg
    - parallel
    - senkrecht

z.B. Belemnitenrostren

D Erhaltungsart

- Steinkern
- Abdruck
- Pseudomorphosen

E Erhaltungszustand

- Deformation
    - diagenetisch
    - tektonisch

Achtung: von Krüppelformen zu unterscheiden

8e. Stratigraphische Gliederung

NEOZOIKUM	Quartär 2 Mio. a.	Holozän	
		Pleistozän	Jung Mittel Alt Ältest
	Tertiär 65	Pliozän	Asti-Placentin
		Miozän	Messin Torton Serraval Langh Burdigal Aquitan
		Oligozän	Chatt Rupel Latdorf
		Eozän	Priabon Lutet Ypern
		Paläozän	Sparnac Thanet Monet / Dan
MESOZOIKUM	Kreide 136	Oberkreide	Maastricht Campan Santon Coniac Turon Cenoman
		Unterkreide	Alb (Gault) Apt Barêmme Hauterive Valendis Wealden
	Jura 195	Malm	Portland Kimmeridge Oxford
		Dogger	Callov Bathon Bajoc Aalen
		Lias	Toarc Pliensbach Sinemur Hettang
	Trias 225	Keuper	Ober (Rhät) Mittel Unter
		Muschelkalk	Ober Mittel Unter
		Buntsandstein	Ober (Röt) Mittel Unter
PALÄOZOIKUM	Perm 280	Oberperm	Zechstein
		Unterperm	Rotliegend
	Karbon 345	Oberkarbon (Siles)	Stefan (A-C) Westfal (A-D) Namur (A-C)
		Unterkarbon (Dinant)	Vise Tournai
	Devon 395	Oberdevon	Famenne Frasne
		Mitteldevon	Givet Eifel
		Unterdevon	Ems Siegen Gedinne
	Silur 435	Obersilur	Pridoli Ludlov
		Mittelsilur	Wendlock
		Untersilur	Landovery
	Ordovizium 500		Ashgill Caradoc Llandeilo Llanvrin Arenig
	Kambrium 570		Ober Mittel Unter
Präkambrium			

9. Schlüssel – Schaubilder zur Abschätzung des prozentualen Anteils

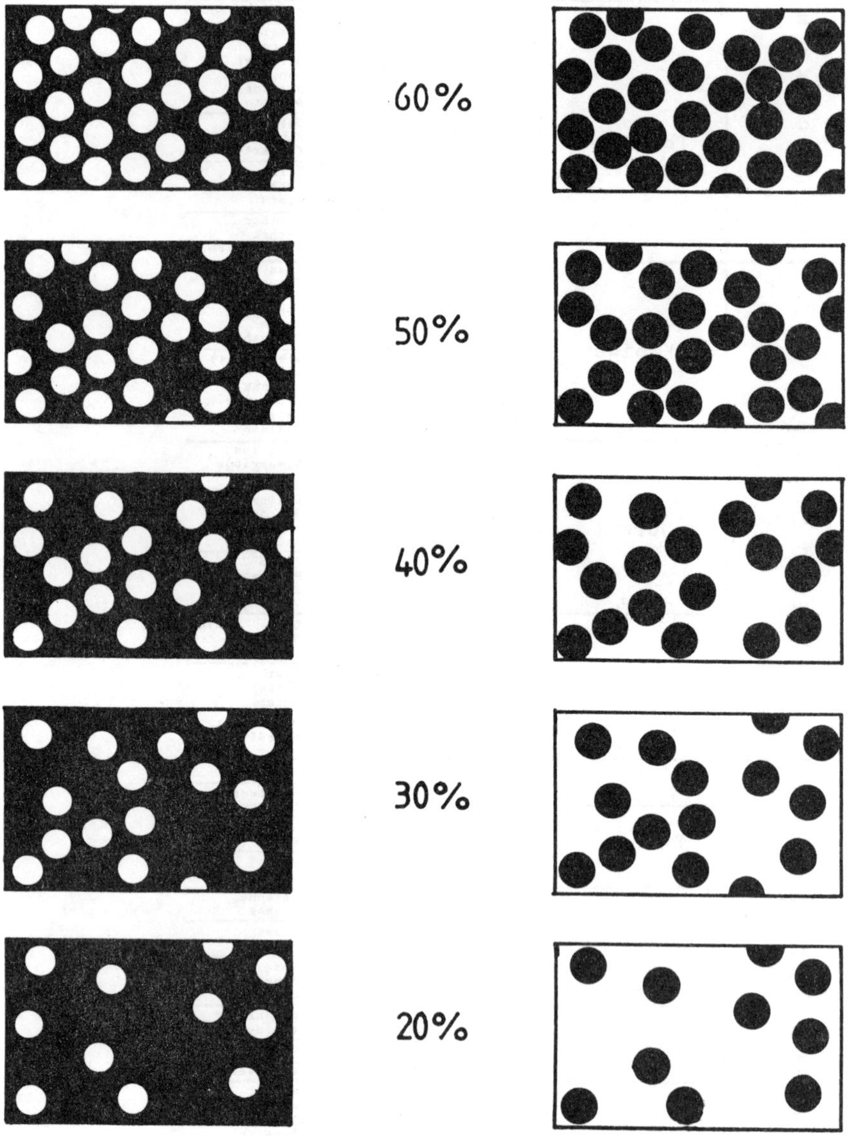

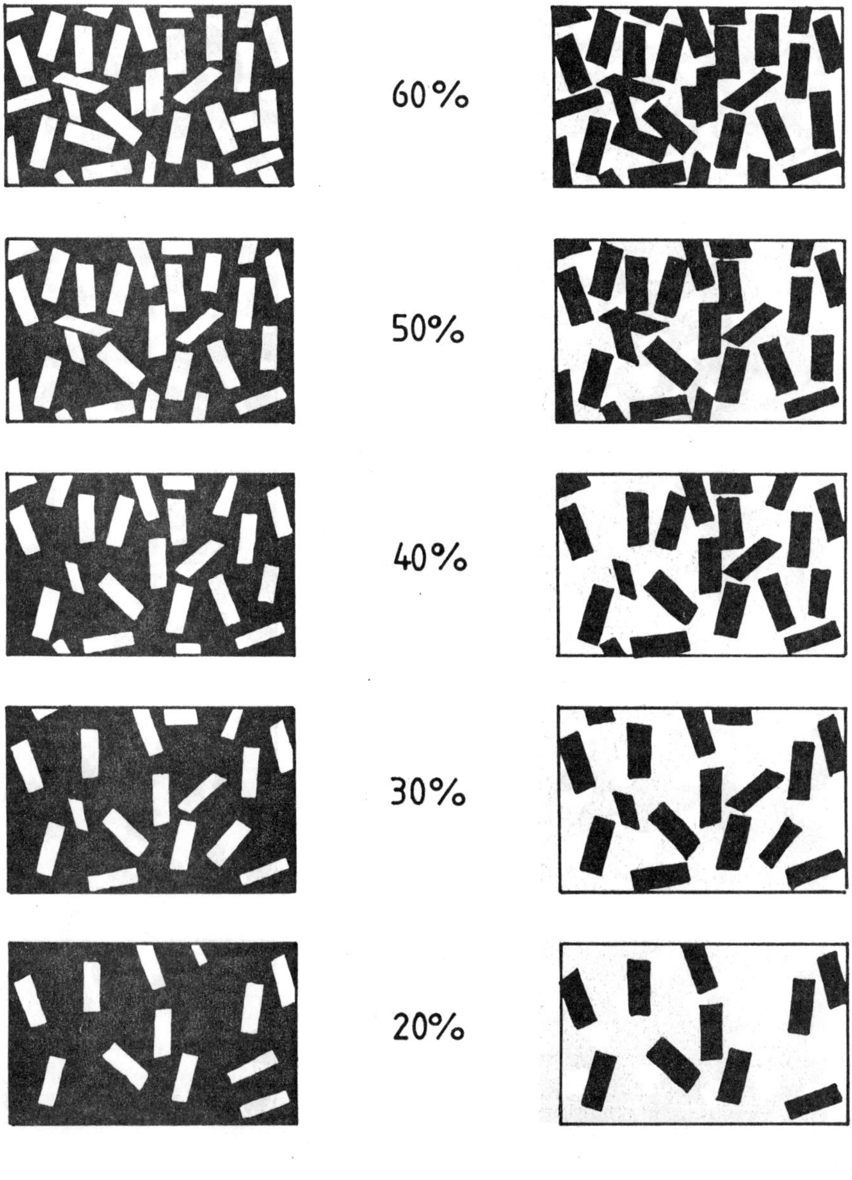
60%
50%
40%
30%
20%

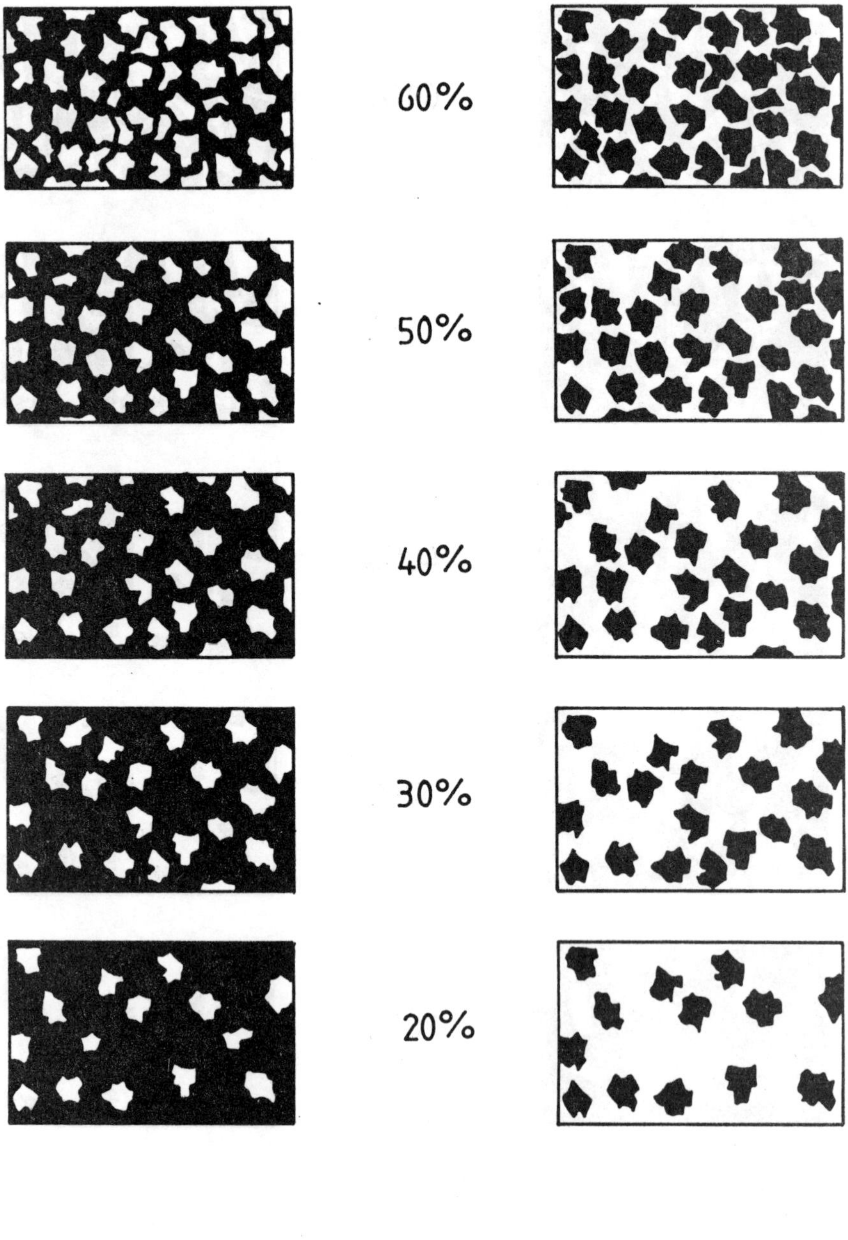
60%
50%
40%
30%
20%

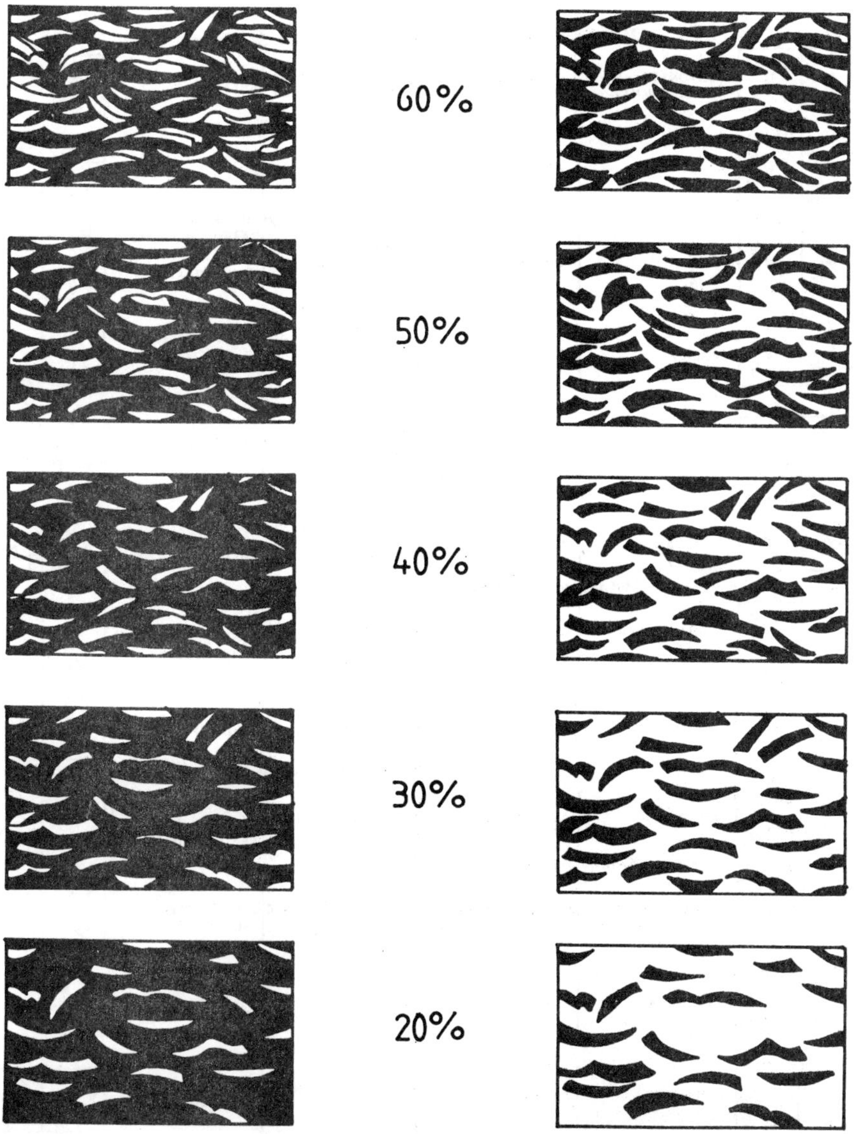
60%
50%
40%
30%
20%

10. Schlüssel – Signaturen für SW-Darstellungen

(topog. Zeichen nicht enthalten)

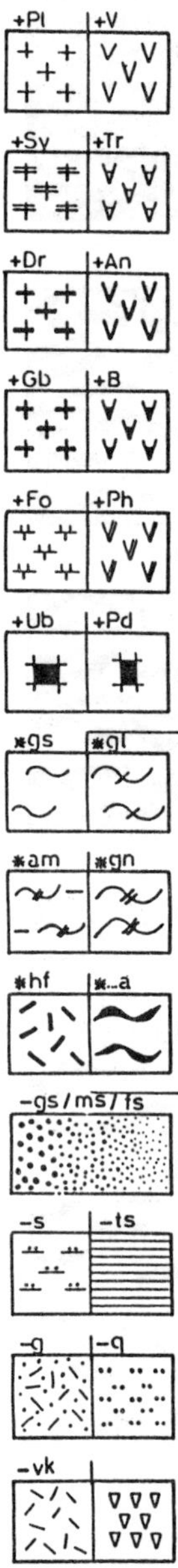

Magmatische Gesteine

PLUTONITE (allg.) sowie GRANIT	VULKANITE (allg.) sowie RHYOLITH
SYENIT	TRACHYT
DIORIT	ANDESIT
GABBRO	BASALT
FOYAIT	PHONOLITH
ULTRABASITE (allg.)	PERIDOTIT

Metamorphe Gesteine

GRÜNSCHIEFER	GLIMMERSCHIEFER
AMPHIBOLIT	GNEIS
HORNFELS	ANATEKTISCHES GESTEIN (allg.)

Klastische Sedimente

SANDSTEINE (Korngröße kann durch Punktstärke angedeutet werden)

SILTSTEIN	TONSCHIEFER
GRAUWACKE	QUARZIT
VERKIESELUNG	KIESL. GESTEINE (allg.) sowie KIESELSCHIEFER

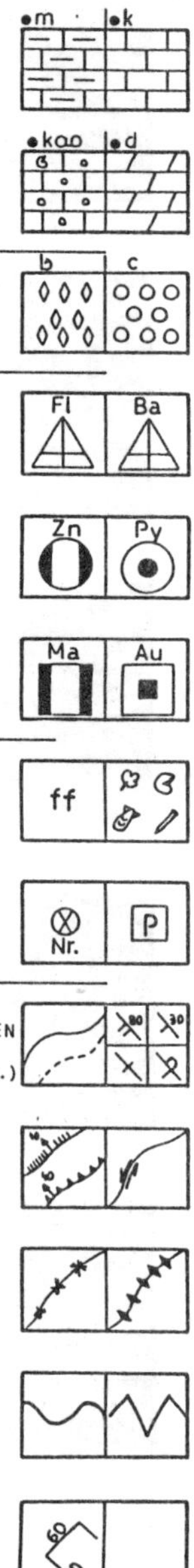

Chemische Sedimente

MERGEL (Bankdicke kann durch Linien angedeutet werden)	KALKSTEIN
KALKOOLITH (Komponenten einzeichnen)	DOLOMIT

Sonderfälle

	(Klast. Sedimente)
BRECCIEN (Komponenten einzeichnen)	KONGLOMERATE (wie Breccien)

Sonderzeichen

INDUSTRIEMINERALE (Buchstaben einfügen)

FLUORIT	BARYT

MINERALE DER BUNTMETALLE

ZINKBLENDE	PYRIT

MINERALE DER STAHL- u. EDELMETALLE

MAGNETIT	GOLD (ged.)
FOSSILIEN (allg.)	FOSSILGRUPPE (angedeutet)
FUNDPUNKT (allg.)	PROFILPUNKT

Tektonische Zeichen

SCHICHTGRENZEN nachgewiesen/ vermutet	SCHICHTSTREICHEN -FALLEN (>45°, <45°, saiger, überk.)
AUF-/ABSCHIEBUNG (Streichen, Fallen)	SEITENVERSCHIEBUNG
MULDENACHSE	SATTELACHSE
TRANSGRESSION	SCHICHTVERZAHNUNG
SCHIEFERUNG (Streichen/Fallen)	

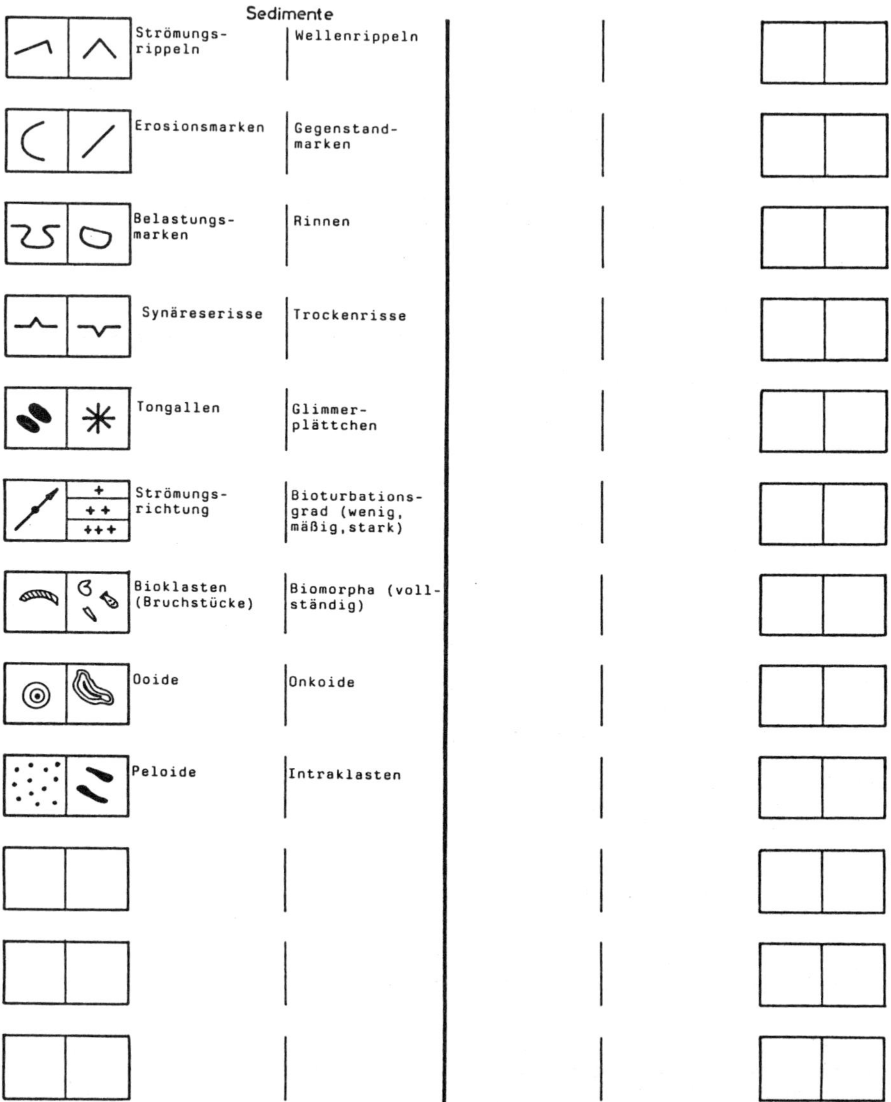

z.T. nach Bender (1981)

11. Literaturverzeichnis

Blaschke,R., Dittmann,G., Neumann-Mahlkau,P. & Vohwinkel,I.(1977):
Interpretation geologischer Karten.
- Stuttgart (Enke).

Bender,F. (1981):
Angewandte Geowissenschaften, Bd.1.
- Stuttgart (Enke).

Brinkmann,R. (1984):
Abriss der Geologie, 1.Bd. **Allgemeine Geologie**
13.Aufl., neubearbeitet von Zeil,W.
- Stuttgart (Enke).

Brinkmann,R. (1986):
Abriss der Geologie, 2.Bd. **Historische Geologie**
12./13.Aufl., neubearbeitet von Krömmelbein,K., durchgesehen von Strauch,F.
- Stuttgart (Enke).

Daber,R. & Helms,J. (1986):
Das große Fossilienbuch.- 3.Auflage
- Leipzig (Urania).

Fairbrain,H.W. (1949):
Structural Petrology of deformed rocks
- Cambridge (Addison Weseley Publ.).

Flügel,E. (1978):
Mikrofazielle Untersuchungsmethoden von Kalken
- Berlin, Heidelberg, New York (Springer).

Fraas,E. (1976):
Der Petrefaktensammler.- 4.Aufl.
Stuttgart (Ott Verlag, Thun).

Geyer,O.F. (1973):
Grundzüge der Stratigraphie und Fazieskunde
- Stuttgart (Enke).

Jubelt,R. & Schreiter,P. (1986):
Gesteinsbestimmungsbuch
- Leipzig (VEB Dt. Verl. f. Grundstoffindustrie).

Lehmann,U. (1985):
Paläontologisches Wörterbuch.- 3.Aufl.
- Stuttgart (Enke).

Lehmann,U. & Hillmer,G. (1988):
Wirbellose Tiere der Vorzeit.- 2.Aufl.
- Stuttgart (Enke).

Murawski,H. (1983):
Geologisches Wörterbuch.- 8.Aufl.
- Stuttgart (Enke).

Pettijohn,F.J., Potter,P.E. & Siever,R. (1973):
Sand and Sandstones
- New York (Springer).

Rösler,H.J. (1981):
Lehrbuch der Mineralogie.- 2.Aufl.
- Leipzig (VEB Dt. Verl. f. Grundstoffindustrie).

Seim,R. (1981):
Minerale
- Leipzig (Neumann Verlag).

Streckeisen,A. (1967):
Classification and Nomenclature of Igneous Rocks
N.Jb.Miner. Abh.107.- S.144-214
- Stuttgart.

Tucker,M.E. (1985):
Einführung in die Sedimentpetrologie
Übersetzt v. M.Schöttle

Turner,F.J. (1968):
Metamorphic Petrologie
- New York (McGraw-Hill).

Wimmenauer,W. (1985):
Petrographie der magmatischen und metamorphen Gesteine
- Stuttgart (Enke).

Anhang

Datum:	Aufschluß-Nr.:	Thema: 1

Lokalität:

topog. Karte:	H/R-Werte:	Höhe ü. NN

Wegbeschreibung:

Aufschluß:

Art:

Geom./Abm.:

Fotos:

Gesteinsbeschreibung: 2

Proben:

Fotos:

Tektonik: 3

ss

sf

Fotos:

Zeichnungen: 4

Bemerkungen:

Datum:	Aufschluß-Nr.:	Thema: 1
16.8.1983	3	Karn. Alpen

Lokalität:

topog. Karte: 3425	H/R-Werte:	Höhe ü. NN
Pz. di Timau 1:25.000	R 34 627 H 51 6255	1530 m

Wegbeschreibung:

Weg vom Passo Cavallo zum Freikofel. Direkt am Weg am S-Hang des Freikofels

Aufschluß:

Art: natürlicher Aufschluß (Hangabbruch), jedoch nur auf kleiner Fläche, da viel vom Hangschutt verdeckt wird.

Geom./Abm.:

Aufgeschlossener Bereich: 5x2m

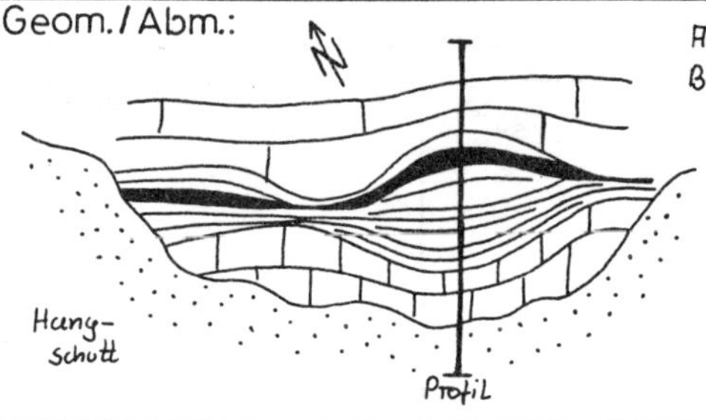

Fotos: Nr. 27+28: Übersicht über aufgeschlossenen Bereich

Gesteinsbeschreibung:	2

siehe Profil

① dunkelgrau; braun anwitternd; splittriger Bruch; sparitischer Kalk; massig; Grainstone

② schwarz; dicht; muscheliger Bruch; max. 2cm; nach beiden Seiten auskeilend; z.T. senkrecht zur Schichtung zerbrochen; Kieselschiefer (?)

③ schwarz (bröselig); schwarze Finger; pelitisch (Silt) mit geringem calcitischem Anteil (HCL); max. 30cm, stark schwankend, d.h. nach beiden Seiten ausdünnend (bis 5cm); ebene bis wellige, feinlaminierte Schichtung; gehäufte aber nicht eingeregelte Glimmerplättchen auf der Schichtoberseite.

④ schwarz; splittriger Bruch; mikritischer Kalk mit hohem Tonanteil (~ Mergel); feine eingesprengte Pyritaggregate (Ø 1-2mm); max. 8cm, zu beiden Seiten auskeilend; wellige dünnbankige Schichtung.

⑤ dunkelgrau bis schwarz; hellgrau anwitternd; splittriger Bruch; gut gebankter mikritischer Kalk; Mud- bis Wackestone

Sedimenttexturen und biologische Parameter konnten nicht festgestellt werden.
Ursachen der engräumigen Mächtigkeitsschwankungen
=> s. Tektonik

Proben: ② KAS 18.1 ③ KAS 22
④ KAS 21

Fotos: Nr. 29 Bereich des Profils

Tektonik:	3
In diesem Bereich sind keine tektonischen Elemente erkennbar, die auf einen tekt. Ursprung der Mächtigkeitsschwankungen schließen lassen. Da die hangenden und liegenden Kalke mit deformiert wurden, ist zu vermuten, daß es sich um eine diagenetische Ausquetschung handelt. 50m weiter des Weges in WSW Richtung wird der Komplex von einer ST (160/50) abgeschnitten. Es stehen dann die Kalke des Aufschlusses 15.8.83/4 an => Abschiebung mit mehr als 20m Versatz (?)	ss ① 0/25 ⑤ 345/10 sf /
Fotos: /	

Zeichnungen: 4

Profil (nicht maßstabsgetreu)

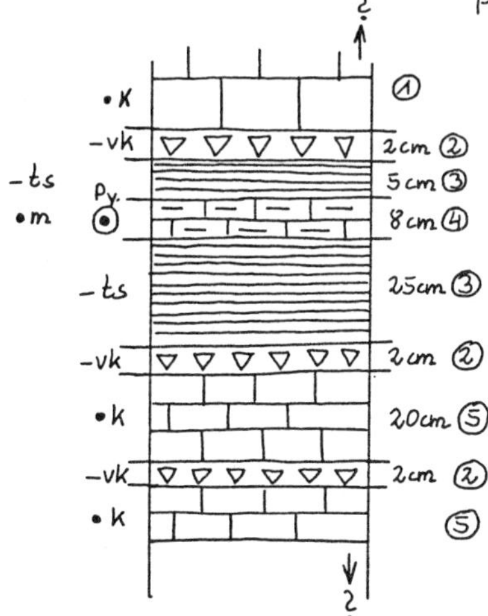

Bemerkungen: *stratigraphische Einordnung:*

① Unterdevon (tu) ②-⑤ Silur (Cardiola Niveau)

Datum: 14.6.1976	Aufschluß-Nr.: 3	Thema: Österreich-ExK. 1

Lokalität:

topog. Karte: Blatt 21 Horn der ÖK 50	H/R-Werte: R 14500 H 483200	Höhe ü. NN 105m

Wegbeschreibung:

Talstraße von Mödring nach Pernegg, links und rechts am Kilometerstein 62

Aufschluß:

Art: künstlicher Aufschluß; Straßenanschnitt; z.T. schon überwachsen

Geom./Abm.:

Der angeschnittene Bereich erstreckt sich beiderseits über ca. 15m (ca. 3-4m hoch); ca. 100m weiter nach Pernegg treten noch kleine Anschnitte desselben Gesteins auf

Fotos: Nr. 16 und 17 Übersicht

Gesteinsbeschreibung: 2
hellbraunes, dunkelbraun anwitterndes Gestein mit rötlichen Einsprenglingen; ebener Bruch (schiefrig) Minerale: idiomorphe Staurolitheinsprenglinge (bis 1cm); kleine (~0,5 cm) Granate; feinkristalline Grundmasse; Biotit und Quarz erkennbar; feine Paralleltextur Gestein: Staurolith führender Granatglimmerschiefer Die rötlichen Granate sind lagenweise angereichert (primäre Schichtung?); sind Granate selten, so werden sie dafür größer (> 1cm) Staurolithsäulchen (braun) sind parallel ausgerichtet
Proben: A 13.1 (mit großem Granat + Staurolith) A. 13.2 (mit kleinem Granat, ohne Staurolith)
Fotos: 18+19 Detailaufnahme (Profil)

Tektonik:	3
Das Gestein ist mit einer flachen Schieferung durchzogen Die parallel ausgerichteten Staurolithsäulen streichen ~270° Der Aufschluß 100m weiter zeigt folgende Werte: Sf 135/25, 130/25, 130/25, 130/20; ss? 175/40, 170/30, 180/30, 180/30	ss Lagen 180/50 180/55 185/55 190/60
	sf 130/20 135/20 140/30 125/15 125/20

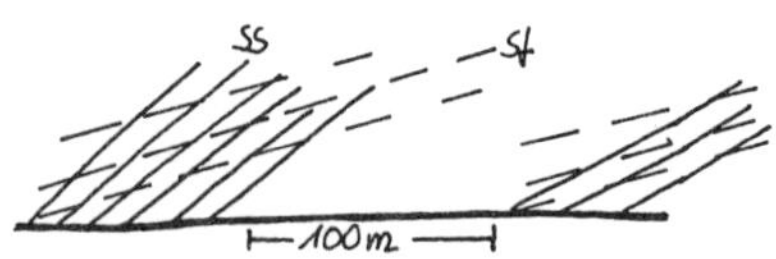

Fotos: —

Zeichnungen: 4

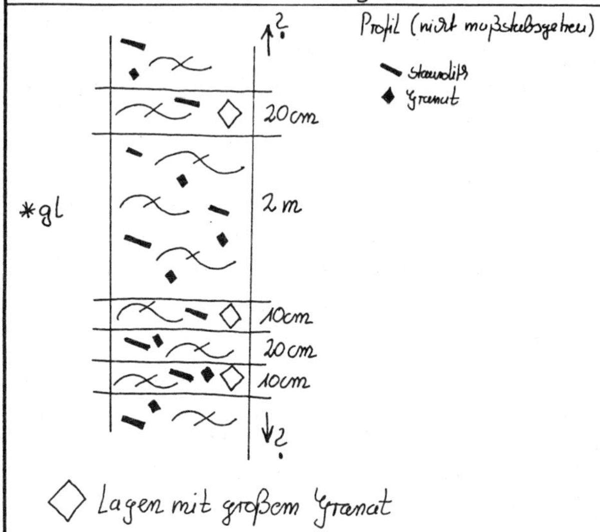

Bemerkungen:

M.Korn'87

Datum: 19.6.1976	Aufschluß - Nr.: 11	Thema: Österreich-Exk. 1

Lokalität:

topog. Karte: Blatt 19 westl. der ÖK 50	H/R - Werte: R 15 310 H 48 4550	Höhe ü. NN 690m

Wegbeschreibung:
Straße nach Landshaag; nach Ortseinfahrt links zum Kraftwerk Aschach (Schild); nach Donaubrücke den Berg hinauf fahren zum ersten Parkplatz auf der rechten Seite (ca. 2 km); Zugang zum Steinbruch (Warn-schild)

Aufschluß:

Art: künstlicher Aufschluß; alter Steinbruch, z.T. schon zugewachsen; wird leider als Müllkippe benutzt

Geom. / Abm.:

Höhe zw. 4 und 7m

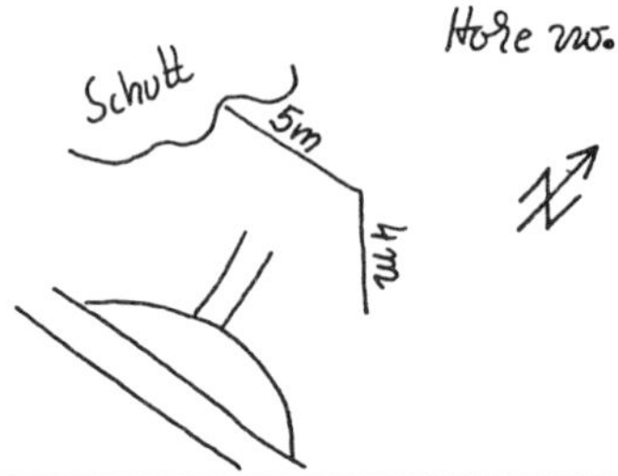

Fotos: 3+4 Steinbruchübersicht

Gesteinsbeschreibung: 2
S. Profil ① hell; grau mit rosa Stich; splittriger Bruch; mittelkörnig; Minerale: große, rötliche, idiomorphe Orthoklase (bis 1cm); Plagioklas, Quarz und wenig Biotit und Hornblende Gestein: Plutonit; <u>Granodiorit</u> ② hell, aber etwas dunkler als ① Minerale: wie ①; jedoch weniger Orthoklas (weiß) Gestein: Plutonit; <u>Granit</u> ③ wie ①+②; Orthoklas und Quarz treten aber weiter zurück, während der Plagioklas- und Hornblendeanteil zunimmt Gestein: Plutonit; <u>Diorit</u> (bis Monzodiorit) ① Quarz (20-60%); Orthoklas zu Plagioklas (~1:3) Mafitanteil (< 10%) ② Quarz (20-60%); Orthoklas zu Plagioklas (~1:1) Mafitanteil (<10%) ③ Quarz (<20%); Orthoklas zu Plagioklas (1:5 ?)
Proben: ① A 26.1 ② A 26.2 ③ A 26.3
Fotos: —

Tektonik: 3

Die Gesteine werden von parallelen Brüchen (Klüften) durchsetzt; sie sind offen

Kf	350/80	355/80	365/75
	350/80	360/85	355/80

ss: /

sf: /

Fotos: s. Foto 3+4

Zeichnungen: 4

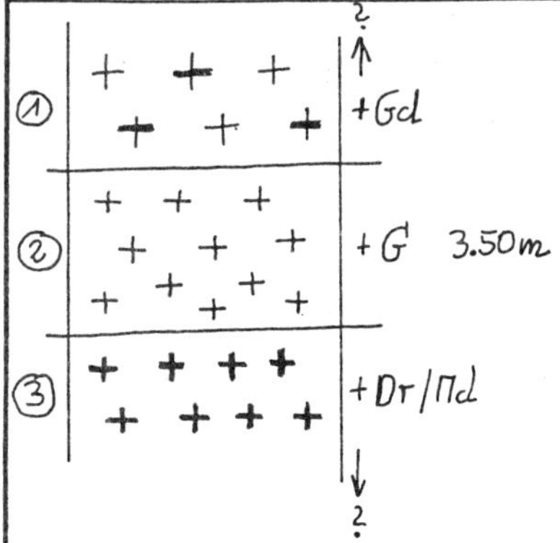

Bemerkungen: /

Mkorn'87

Profil-Nr.: Datum:

Aufschluß-Nr.:

1cm = Maßstab = 1:

Bemerkungen:

Profil-Nr.: 4 Datum: 21.4.86

Aufschluß-Nr.: 16

1cm= 10cm Maßstab = 1:10

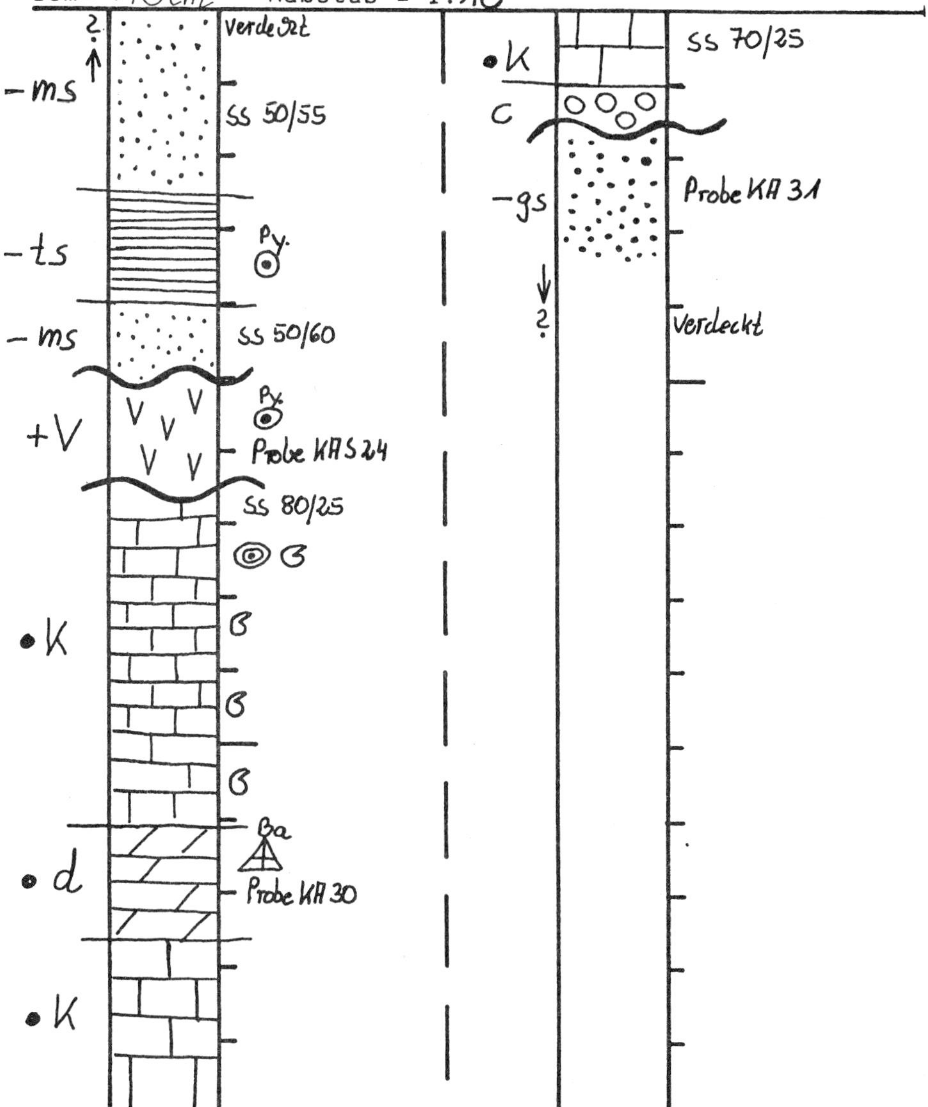

Bemerkungen: Foto 26–30 vom gesamten Bereich;

ϐ = Clymenia (Oberdevon) Ba Baryt in cm Hohlräumen (Probe KA 30)